我的迷你花园

图解 四季组合盆栽
设计与制作

（日）伊藤沙奈
（日）若松则子 主编

曲冰 译

化学工业出版社

·北京·

IROTO UTSUWA WO TANOSHIMU HAJIMETENO YOSEUE STYLE supervised by Sana Ito and Noriko Wakamatsu
Copyright © 2017 SEIBIDO SHUPPAN
All rights reserved.
Original Japanese edition published by SEIBIDO SHUPPAN CO., LTD., Tokyo.

This Simplified Chinese language edition is published by arrangement with SEIBIDO SHUPPAN CO., LTD ., Tokyo in care of Tuttle—Mori Agency, Inc., Tokyo through Inbooker Cultural Development (Beijing) Co., Ltd., Beijing.

本书中文简体字版由 SEIBIDO SHUPPAN CO., LTD. 授权化学工业出版社独家出版发行。
本书仅限在中国内地（大陆）销售，不得销往中国香港、澳门和台湾地区。未经许可，不得以任何方式复制或抄袭本书的任何部分，违者必究。

北京市版权局著作权合同登记号：01-2020-5149

图书在版编目（CIP）数据

我的迷你花园：图解四季组合盆栽设计与制作/（日）伊藤沙奈，（日）若松则子主编；曲冰译. —北京：化学工业出版社，2020.10
ISBN 978-7-122-37536-0

Ⅰ.①我⋯　Ⅱ.①伊⋯②若⋯③曲⋯　Ⅲ.①盆栽－观赏园艺－图解　Ⅳ.①S68-64

中国版本图书馆CIP数据核字（2020）第150504号

责任编辑：孙晓梅　　　　　　　　　　　　装帧设计：史利平
责任校对：王佳伟

出版发行：化学工业出版社（北京市东城区青年湖南街13号　邮政编码100011）
印　　装：北京宝隆世纪印刷有限公司
880mm×1092mm　1/16　印张8　字数198千字　2021年1月北京第1版第1次印刷

购书咨询：010-64518888　　　　　　　售后服务：010-64518899
网　　址：http ://www.cip.com.cn
凡购买本书，如有缺损质量问题，本社销售中心负责调换。

定　　价：58.00元　　　　　　　　　　　　　　版权所有　违者必究

目录

第1章

讲究色彩与季节感 /5

第2章

色彩与容器的深度研究 /65

第3章

延长花期的技巧 /99

完成之时 美丽瞬间绽放

我认为组合盆栽是一种"协调的艺术"，
它的美是在完成的那一瞬间
展现出来的。
只要潜心观察蕴藏于植物中的色彩，
就能逐渐领悟植物间的搭配法则。
而容器能丰富我们对造型的想象，
摆放的环境也能激发我们的灵感。
一个自由的创意世界，
将在植物和容器的搭配中诞生。
试着用组合盆栽来展示自我吧！

伊藤沙奈

打造雅致作品

组合盆栽是花草交织而成的美妙和弦，
看着植物随时间流逝而逐渐变化也是一种乐趣。
在熟练掌握栽植步骤之前，
可以先选用3 ~ 4种植物来制作，
并将相同的植物栽种在对角线上。
这种基础搭配方法非常容易上手。
希望大家用心学习植物之间的搭配法则，
同时也不要忽视植物与容器之间的协调。
在此基础上，发挥女性天生的色彩感，
打造精美雅致的组合盆栽作品。

若松则子

新手也能万无一失的
基础栽植步骤

下面向大家介绍
组合盆栽的基础栽植步骤,
此方法几乎适用于
本书中的所有组合盆栽。

N.Wakamatsu

【使用的植物及栽植次序】

Ⅰ. 主花　① 南非万寿菊（重瓣）
Ⅱ. 辅花　② 马鞭草（淡粉色）
　　　　　③ '梅特尔' 龙面花
Ⅲ. 叶类植物　④ '圆叶' 牛至
　　　　　　⑤ 三叶草（黑色）

【所需物品】

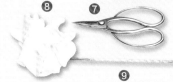

❶营养土

使用市售的营养土最为方便。建议选择信誉较好的产品,最好标注了生产原料和pH值。

❷圆筒铲土杯

相较于普通铲土杯,圆筒铲土杯更适合往缝隙中填土。

❸营养液

有无均可。栽种后若浇入混有营养液的水,盆栽更易成活。

❹盆底网

可防止土壤或盆底石从花盆中流出,亦可防止蛞蝓等害虫钻入花盆。

❺盆底石

用浮石制成,可改善排水,同时也可减轻盆栽整体的重量。

❻肥料

栽种时将基肥混入营养土中使用。

❼剪刀

用于修剪枯叶或为盆栽整体平衡而调整枝条数目。

❽PVC手套

由于精细工序较多,推荐使用比园艺手套更贴合手部的、轻薄的PVC手套。

❾一次性木筷

用于栽种后压实土壤。

❿细长嘴洒水壶

为避免碰到植物,壶嘴口径较小的细长嘴洒水壶更为适合。

【容器】

组合盆栽的造型会因容器的不同而产生很大的差异。本案例中使用的是圆形花盆。

植物和容器搭配的详细说明参见第78 ~ 88页。

【栽植步骤】

1 确定花苗布局

通过构思完成品的造型来确定花苗的布局。

2 铺上盆底网，放入盆底石

放入2～3cm深的盆底石。根据花盆的大小和深浅，适当调整盆底石的数量。浅花盆也可以不放盆底石。

3 加土

预先将基肥混入营养土，再取适量营养土放入花盆中。

此处是关键！

确认土量

将根团最高的花苗放入花盆，确定最初的加土量。
将花盆边缘向下2～3cm作为容水空间，然后向花盆中加土，加土高度至苗底即可。

容水空间（2～3cm）

4 从简易花盆中取出花苗

先摘掉或剪掉植株上有损伤的叶片。从简易花盆中取出花苗时，用手握住植株底部以免根部散开。为防止产生杂菌，取出花苗后应刮掉土壤表面及上方的苔藓和肥料渣。

5 松开根团

如果根缠绕在一起，需握紧根部，仔细缓慢地揉搓，使其松开。
将根部底端略微伸展开，可提高植株成活率，而且通过刺激根部能促进新根的产生。

6 栽种中心位置的花

首先在花盆中心区域栽种主花——南非万寿菊。

此处是关键！

栽种顺序

使用圆形花盆时，首先应在花盆的中心区域栽种主花。接着栽种辅花，最后栽种叶类植物。

7 调整高度

根据接下来要栽种的马鞭草的根团的高度填土。将花苗放入盆中之后观察土量，若土量不足需再次添加。

8 新手的对角线法则

若将相同植物栽种在对角线位置上，那么，新手也能轻而易举地制作出平衡协调的作品。但这只是最基本的栽植步骤，待熟练之后，可将植物以非对称的角度进行栽种，这样能打造出更有层次感的个性化作品。

9 栽种叶类植物

将'圆叶'牛至栽种在花盆的边缘位置。要使那些充满跃动感的植物从花盆边缘延伸出去，这是关键所在。

10 可将叶类植物分株

三叶草等生命力顽强的叶类植物可分株使用。千叶兰、常春藤等植物亦可分株。

11 加土

往花盆中加土，至花盆边缘向下 2～3cm 处。注意植株间的缝隙里也要填满土。

12 压实土壤

若加土时未将土壤压实，土壤中间会产生空隙。如此一来，浇水时土壤会下沉，进而导致空隙越来越大。为避免这种问题，可以将一次性木筷插入土壤中，使下沉的部分填满土壤。若用手指操作，可能破坏土壤的透气性和渗水性，因此最好用一次性木筷。

13 浇水

栽种好之后，将洒水壶的壶嘴凑近植物根部充分浇灌，直至水从花盆底部洞口流出。浇灌过快会导致土壤从花盆边缘溢出或黏附在植株上，因此要缓缓浇灌。

使用营养液
此处是关键！
栽种好之后，用兑有营养液的水进行浇灌，这样可使盆栽长势更好。

完成！

【基本管理方法】

❶ 置于半日阴环境，直至盆栽成活

若栽种后立即置于阳光下，会导致植物枯萎，因此需在根部成活前放在半日阴环境下（1周左右）。浇水后若植物茎部挺直，则表示植物已成活。

❷ 适量浇灌

由于一个花盆中栽种了多株植物，其根系缠绕在一起，因此切忌浇灌过度。待表层土壤完全干透，多余水分从盆底渗出之后再浇水。

❸ 栽种后1个月内不可追肥

由于栽种时土壤中已有基肥，栽种后立即追肥会导致肥料过剩，从而造成根部的负担。因此，栽种1个月后才可追肥。

❹ 勤加修剪

凋谢后的花朵会导致植物患病，也会因结花籽而对花苗造成消耗。因此，切记修剪残花，以尽可能延长盆栽的观赏周期。

【肥料和营养液】

肥料包括栽种时使用的长效性基肥和植物生长过程中使用的速效性追肥。二者均有化学肥料和有机肥料。化学肥料的优点是几乎无味。此外，在栽种时或植物长势欠佳时，使用营养液也非常有效。

基肥

MAGAMP+K
日本花宝株式会社
化学基肥。含有速效成分及缓释成分，效果可持续数月。

Biogold Classic 基肥
日本 TACT 株式会社
使用天然成分制成，可增加土壤中的有益菌。

追肥

花宝
日本花宝株式会社
具有速效性，营养元素均衡。属于液态肥，因此可在浇水时稀释使用。

Biogold Original
日本 TACT 株式会社
使用天然成分制成的有机肥，无须担心烧根。

营养液

美能露
日本美能露株式会社
含有植物必需的铁离子等元素，可促进根系生长。

Biogold Vital
日本 TACT 株式会社
促进根系活力，改善土壤。

第1章

讲究色彩
与季节感

要展现季节感，植物色彩非常重要。
仔细斟酌花朵和叶片的颜色，
栽培一盆季节感满满的组合盆栽吧！

N.Wakamatsu

S·P·R·I·N·G
春

轻盈柔和的
色调最应季

浅 黄色和淡粉色等色彩与初春柔和的阳光最为般配。
柔和的色调能使人感受到春的气息。
田野中常见的蓝色调也是春的使者。
待到阳光变得强烈，四周绿意弥漫之时，
略微浓艳的黄色和粉色变得更加光彩夺目。
轻柔的小花也是春季不可或缺的点缀，用它们来做盆景的
辅花吧！
郁金香、花毛茛以及风信子等球根植物是上乘之选。
虽说球根植物大多花期较短，但它们能带来强烈的季节感。
花期结束之后以其他植物替代，即可长期观赏。

'天使'郁金香、同色系的角堇以及黄色苞片的秀丽的大戟。

Pale Yellow
浅黄色

南非万寿菊　　　　　金鱼草

'波纹石'柳穿鱼

Blue
蓝色

葡萄风信子

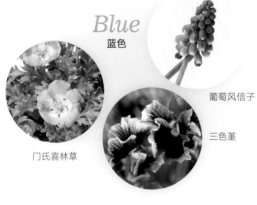

三色堇

门氏喜林草

（春天的色彩）

海石竹、宿根龙面花、野草莓、洋常春
藤组成的小型组合盆栽。

N.Wakamatsu

以白色南非万寿菊、蓝色矢车菊
为主花，辅以'皮特里'铁线
莲、香雪球、野草莓和忍冬。

S. Ito

Pale Pink
淡粉色

'贝拉丽娜'报春花　　　宿根龙面花

郁金香

长方形盆栽详见第116页，左下角的大花盆里栽种的是紫罗兰、三色堇、白妙菊，下方中间的盆栽详见第2页。墙上悬挂的盆栽中的植物分别是南非万寿菊、'八女津姬'微型月季、南美天芥菜、宿根屈曲花等。

案例 A 用大花型的花毛茛和硕大的花篮
凸显存在感与华丽感

N.Wakamatsu

8

突出大小花型的对比感

◀花毛茛轻薄的花瓣层层叠叠，华丽夺目。与小花型的报春花搭配起来相得益彰，更加凸显了花毛茛的存在感。再用法国薰衣草的紫色进行点缀。

管理要点 待花毛茛开败后，剪掉残花，迎来第二次、第三次绽放。

组合盆栽观赏期

【使用的植物】
❶ 花毛茛
❷ '湖畔之梦'报春花
❸ 法国薰衣草
❹ 洋常春藤（白斑）
【花篮尺寸】
宽34cm×深20cm×高24cm

栽植步骤参见第12～13页

S. Ito

大胆采用小花型的门氏喜林草作为主花弥漫着初春的田野般的气息

【使用的植物及栽植次序】
❶ 细柱柳
❷ 门氏喜林草
❸ 耧斗菜
❹ 欧活血丹
❺ '花环'菱叶粉藤
【花盆尺寸】
宽60cm×深25cm×高25cm

从大花盆中蔓延欲出的风景

门氏喜林草一般用作辅花，而该作品颠覆了人们对它的印象，将其"提拔"为主角。栽种量一定要充足，仿佛要从硕大的马口铁花盆中满溢而出似的。再搭配抽芽的细柱柳枝条，初春的田野的气息扑面而来。

栽植要点 将细柱柳栽种在一侧，这种左右不对称的布局会使作品显得更为自然。将'花环'菱叶粉藤栽种在细柱柳的对侧，更具平衡感。

管理要点 给予充足日照，生长过于繁密时可疏苗以改善通风。

组合盆栽观赏期

9

案例
C

花期短暂的风信子
留下了季节的剪影

N.Wakamatsu

【使用的植物及栽植次序】
❶ 风信子
❷ 长阶花
❸ 宿根屈曲花
❹ '纯银'野芝麻
【容器尺寸】
直径30cm × 高10cm

带盖容器恰似百宝箱

风信子的花蕾玲珑可爱，惹人喜欢。看着它们一天
天长大，继而华丽盛开，也是一件乐事。白色的宿
根屈曲花和斑叶的野芝麻更添光彩。

栽植要点 风信子在冬季是花苞状态，使用市售的
发芽球根进行栽种较为方便。

管理要点 若使用较浅的容器，需注意避免水分缺
失。野芝麻开败后要从花穗的下部剪掉。

组合盆栽观赏期

1	2	3	4	5	6	7	8	9	10	11	12

花期结束后
更换主花

由于整个6月都是屈曲花的
花期，因此在风信子开败之
后将其拔掉，改种矮牵牛，
即可继续观赏。将拔掉的风
信子栽种在庭院里，次年会
开出小一号的花朵，可继续
赏玩。

用发芽的葡萄风信子
轻松打造微型组合盆栽

株高10～25cm的葡萄风信子是早春的使者。要展示它的可爱之处，只需搭配彩叶植物，制成小型盆栽即可。也可在秋季栽种，但使用早春市售的发芽球根更为方便，栽种起来更加容易。

管理要点 开败后剪掉残花，留下叶子，给予充分光照，次年会再次开花。若彩叶植物生长得过长，适当修剪即可。

组合盆栽观赏期

1	2	3	4	5	6	7	8	9	10	11	12

栽植步骤参见第14页

案例 D

N.Wakamatsu

【使用的植物】
❶ 葡萄风信子 ❷ '纯银'野芝麻 ❸ 欧活血丹（斑叶）
【容器尺寸】宽16cm×深11cm×高13cm

案例 E

铁丝篮和大灰藓
渲染自然感

大灰藓附着在铁丝篮上，散发着春天的田野般的自然气息，用在以野草莓为主花的组合盆栽中恰到好处。篮子既可吊挂，也可平置，可作为一个小小的点缀。

管理要点 小型组合盆栽土壤较少，需注意避免缺水。

【使用的植物】
❶ 野草莓
❷ '纯酸橙绿'野芝麻
❸ 百里香 ❹ 大灰藓
【铁丝篮尺寸】
直径11cm×高15cm

组合盆栽观赏期

1	2	3	4	5	6	7	8	9	10	11	12

栽植步骤参见第15页

N.Wakamatsu

组合盆栽的栽植步骤
<春>

Technique

篮子里贴上防草地膜
摇身变为精美花盆

篮子表面有孔，会渗土、渗水，
用这类容器作为花盆时需在内侧贴上防草地膜。
只需花一点小心思，各种容器都能变成花盆。

→P8

【使用的植物及栽植次序】

❶❹'湖畔之梦'报春花
❷ 花毛茛（粉色）　❸ 花毛茛（紫边）
❺ 法国薰衣草　❻ 洋常春藤（白斑）

【所需物品】

❶ 营养土　❷ 圆筒铲土杯　❸ 基肥
❹ 盆底石　❺ 营养液
❻ 防草地膜与订书机
❼ 剪刀
❽ 一次性木筷
❾ PVC手套

【使用的容器】

藤编篮

使用藤编篮栽种华丽硕大的
花，既能凸显华丽感，又可
彰显自然感。

【准备工作】

将防草地膜裁剪成适宜尺
寸，再剪几条缝隙以改善
排水。然后将其贴在篮子
内侧，在边缘处反折，用
订书机固定。

栽种在对角线位置上

由于篮口较窄，不易
栽种，因此可先在篮
外对花苗进行布局搭
配，再从边缘部分开
始栽种。在对角线位
置栽种报春花，更显
平衡。

【栽植步骤】

1 放入盆底石。由于篮子较大，可稍微多放一些。以3～5cm深为准。

2 从边缘位置的报春花开始栽种，可将花苗紧贴篮子内侧放入，以预先确定加土量。

凹陷的部分后续很难加土，需充分填土至花篮边缘。

3 栽种前摘掉黄色的残叶。

4 将报春花稍向前倾，使叶片触到花篮。然后将花毛茛种在花篮提手前方。

此处是关键！

栽种时为避免下沉，可根据花苗尺寸与根量，一边添土一边栽种。

5 在前方稍低处栽种紫色花毛茛。将另一株报春花栽种在对角线的位置上。

6 法国薰衣草的根部缠绕在一起。先将其根部轻轻伸展开，拂去上方及土壤表面的苔藓，然后栽种在背景位置上。

7 将洋常春藤分株。栽种时使正面的部分垂下来，让旁边较长的枝条从花篮中自然伸出，这样会使盆栽作品更显优雅。

8 洋常春藤过长时，可视情况适当修剪。

13

Technique

利用发芽球根
高效轻松地制作组合盆栽

发芽球根，是指球根上已经长出新芽的市售花苗。
栽种后很快就能开花。本次使用每盆3球的花苗。

→P11

【使用的植物及栽植次序】

① 葡萄风信子
② '纯银'野芝麻
③ 欧活血丹（斑叶）

【使用的容器】

小型马口铁盆
将普通容器作为花盆使用时，
需在容器底部开孔。

【准备工作】

若容器上可以书写文字，就用
粉笔写下中意的内容吧！

【栽植步骤】

1 铺上盆底网，放入盆底
石。因为花盆较小，盆
底石可少放一些。

2 根据花苗的高度，填入
混有基肥的营养土。

此处是关键！

试着将花苗连盆放进容器当
中，以确认首次加土的量。

3 将球根分开栽种。球根
稍微露出一些更显可爱。

4 将野芝麻仔细分株，与
葡萄风信子混合栽种，
可使盆栽更加自然。

5 将欧活血丹分株，择去
一部分根部土壤，使根
团变得小一些。

6 观察欧活血丹的枝形，
调整枝条使其稍稍下垂。

7 加土后用一次性木筷
压实。

Technique

熟练掌握铁丝篮和大灰藓的搭配方法

铁丝篮和大灰藓是打造充满自然气息的组合盆栽的不二之选。
接下来，让我们学习在防草地膜外侧贴附大灰藓的技巧吧！

→P11

① 野草莓
② 百里香
③ '纯酸橙绿' 野芝麻

【使用的容器】

铁丝篮

【使用的植物及栽植次序】

① 野草莓
② 百里香
③ '纯酸橙绿' 野芝麻

【栽植步骤】

1 根据铁丝篮的尺寸，将防草地膜裁剪至合适的大小，然后将其贴在篮子内侧，在边缘处反折，用订书机固定。

2 将大灰藓贴在防草地膜和铁丝篮中间。

此处是关键！

铁丝篮的边缘位置也要覆盖上大灰藓，以便将防草地膜遮盖起来。

3 不必使用盆底石，直接加入营养土。

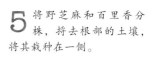

4 先栽种野草莓。

5 将野芝麻和百里香分株，将去根部的土壤，将其栽种在一侧。

6 为防止土壤干燥，加完土后在土壤表面铺上水苔。

【所需物品】

① 营养土（混有基肥）
② 圆筒铲土杯
③ 水苔（已在水中充分浸泡）
④ 营养液
⑤ 防草地膜与订书机
⑥ 大灰藓
⑦ 剪刀
⑧ PVC 手套
⑨ 一次性木筷

作品尽显灵动
在马口铁盆上稍稍花点心思

S.Ito

案例
F

减少色彩数量，优雅尽现

▶ 利用大花盆制作的杜鹃花组合盆栽。以开花前的微型藤本月季为背景，展现出一种积极生动的感觉。浅绿色的杜鹃花和同色系的欧活血丹叶搭配，极具统一感。

栽植要点 选用富有跃动感的欧活血丹花苗，栽种时营造出一种仿佛要从花盆中蔓延出去的感觉，同时利用藤本月季伸展的枝条凸显灵动感。

管理要点 杜鹃花开败之后，可将组合盆栽里的植物拆分开，然后分别用在其他盆栽中。

组合盆栽观赏期

1	2	3	4	5	6	7	8	9	10	11	12

【使用的植物及栽植次序】
❶ '白雪公主' 藤本月季
❷ '越之淡雪' 杜鹃花
❸ 欧活血丹
【花盆尺寸】
直径40cm × 高40cm

搭配同色系花朵，典雅脱俗

在市售的马口铁盆上割开一道缝隙，栽种藤蔓植物并使其呈流瀑状。搭配同色系的两种角堇与南非万寿菊，一眼望去，雅致脱俗。

管理要点 角堇应勤摘花。栽种1个月后施以液态肥，可延长花期。

组合盆栽观赏期

1	2	3	4	5	6	7	8	9	10	11	12

容器制作方法参见第91页

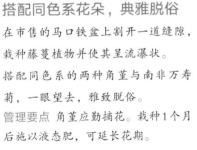

【使用的植物及栽植次序】
❶ 角堇 ❷ 角堇
❸ 南非万寿菊
❹ '粉珍珠' 野芝麻
❺ '黑桃' 千叶兰
❻ '花环' 菱叶粉藤
【花盆尺寸】直径15cm × 高25cm

巧用植物枝条的趣味性
打造插花风格的盆栽作品

S. Ito

紫云英般的小花月季
展现春天的柔和温润

N.Wakamatsu

【使用的植物】
❶ '八女津姬'微型月季（粉色）
❷ '八女津姬'微型月季（白色）
❸ 野草莓
❹ 多花素馨
【花盆尺寸】宽30cm × 高30cm

花枝从方盆边缘蔓延出去

◀用粉、白两色的'八女津姬'微型月季打造层次感，使盆栽整体造型更显自然。要消除红褐色方盆的生硬感，关键在于栽种多花素馨时要使其从花盆中蔓延出去。

管理要点 '八女津姬'微型月季开败之后，将枝条剪掉5cm左右之后再施肥，约1个半月后会再次开花。

组合盆栽观赏期

1	2	3	4	5	6	7	8	9	10	11	12
			●							●	

栽植步骤参见第22页

淡蓝色的滤锅搭配鲜艳的黄色花朵
提前带来初夏的气息

N.Wakamatsu

【使用的植物】
❶ 旱金莲
❷ 凤梨薄荷
❸ 南美天芥菜
❹ 普通百里香
❺ 大灰藓
【容器尺寸】
直径22cm × 高13.5cm

栽植步骤参见第23页

盆中的植物剪下来可用于烹饪

旱金莲的花、叶可食用，花朵在强光下呈现出鲜艳的黄色，搭配淡蓝色的滤锅，仿佛一处厨房小花园。待薄荷和百里香长大后，把它们剪下来烹饪食物吧！

管理要点 在旱金莲的叶表喷洒药剂，以预防叶螨。

组合盆栽观赏期

1	2	3	4	5	6	7	8	9	10	11	12
				●			●				

案例 **J**

利用颜色和形状各异的香草
打造立体感

N.Wakamatsu

【使用的植物】
1 '圣诞红' 巧克力波斯菊
2 克劳凯奥（铁丝网灌木）
3 三色金丝桃
4 '白雪公主' 常春藤　5 微型月季
6 '波纹石' 柳穿鱼
7 绵毛水苏
8 '幸运的暗夜玫瑰' 南非万寿菊
9 多花素馨
【花盆尺寸】直径约30cm × 高25cm

巧用斑叶常春藤
营造明亮灵动的氛围

▶ 雅致的高脚花盆非常适合栽种华丽
的花朵。市售的微型月季比庭院里的
月季花期早，提前为人们带来了季节
的气息。用多花素馨、常春藤、三色
金丝桃等植物进行搭配，生机盎然，
尽显灵动。

管理要点 微型月季开败之后，保留5
枚叶片，以上的部分全修剪掉，然后
施肥，可二次开花。

组合盆栽观赏期

1	2	3	4	5	6	7	8	9	10	11	12
			●—	—●							

栽植步骤参见第24 ~ 25页

混搭紫叶植物是秘诀

用叶色鲜亮的波叶大黄搭配青铜茴香、紫
叶菊苣等深叶香草以及三色鼠尾草等。叶
色相差较大的植物组合在一起，是打造这
款盆栽的秘诀所在。而柠檬草纤细的叶子
为盆栽增添了活泼灵动的感觉。

栽植要点 因为上述植物喜好排水良好
的土壤，所以可在营养土中混入赤玉
土或使用专用土壤。

管理要点 给予充足日照，保持环境干
燥，培育过程中可适量摘下使用。

组合盆栽观赏期

1	2	3	4	5	6	7	8	9	10	11	12
			●—	—	—	—	—	—	—●		

【使用的植物及栽植次序】
1 蓝番茄
2 青铜茴香
3 波叶大黄　4 柠檬草
5 甜舌草（过江藤属）
6 三色鼠尾草　7 紫叶菊苣
【花盆尺寸】直径29cm × 高27cm

20

使用古典质感的花盆
彰显微型月季的华丽

N.Wakamatsu

Technique

打造春天的田野般
轻盈柔和的组合盆栽作品

花姿如同紫云英一般的'八女津姬',是一种皮实、好养的微型月季。
栽种辅花时,使其轻柔地伸展开来,凸显春天的柔美,弥散春天的气息。

→P18

【栽植步骤】

1 将花苗一个个放入花盆中,确定盆栽的整体布局。

4 将3株'八女津姬'微型月季集中放在方形花盆中央,往花苗中间加土。

2 铺上盆底网,放入盆底石,然后填土。

5 栽种野草莓时,使花朵和果实朝向正面。

此处是关键!

栽种时,使野草莓和多花素馨从花盆中延伸出去。

【使用的植物及栽植次序】

❶ '八女津姬'微型月季(粉色)
❷ '八女津姬'微型月季(白色)
❸ 野草莓
❹ 多花素馨

3 首先,将粉色的'八女津姬'微型月季从简易花盆中拿出,放入方形花盆中,注意不要弄散根团。

6 加完土后用一次性木筷压实土壤。

【使用的容器】

复古风的方形
金属花盆

案例 **I**

组合盆栽的栽植步骤
<春>

→P19

滤锅内贴附防草地膜以避免土壤流出

Technique

用厨房滤锅代替花盆，制作香草盆栽。
然后贴附大灰藓，以防止泥土溅出。

【使用的植物及栽植次序】

❶ 旱金莲　❷ 凤梨薄荷
❸ 南美天芥菜　❹ 普通百里香
❺ 大灰藓

【使用的容器】

滤锅

【所需物品】

❶ 防草地膜和订书机　❷ 剪刀　❸ 一次性木筷
❹ PVC手套　● 营养土（参照第2页）

【栽植步骤】

1 将防草地膜折边，用订书机固定，开数个孔备用。

2 填土，栽种主花旱金莲，将其稍稍前倾。

3 为营造自然感，在对角线位置上栽种2株凤梨薄荷。

4 南美天芥菜比较柔弱，注意不要弄散根团。可根据需要将普通百里香分株，栽种时使其向前垂下。

5 加完土后用一次性木筷压实土壤。

6 在表面贴上大灰藓。

贴附大灰藓可使盆栽更显自然，亦可防止泥土溅出或土表干燥。

此处是关键！

23

Technique

栽种植物较多较密时
需抒去根部土壤

如果栽种的植物较多，可选择那些可以弄散根团的植物，
将其根部的土壤稍稍抒去。
微型月季弄散根团后很难成活，
但柳穿鱼以及叶类植物不受此限制。
此外，在花与花之间栽种叶类植物可衬托出鲜花的美。

→P21

【使用的植物及栽植次序】

主花

❶ 微型月季

辅花

❷ '幸运的暗夜玫瑰'南非万寿菊
❸ '圣诞红'巧克力波斯菊
❺ '波纹石'柳穿鱼

【准备工作】

容器中可容纳的土量不多，但栽种
的植物较多，因此需要减少盆底石
的数量，盆底石加至2cm左右的
高度即可。

赋予灵动感的植物

❹ 三色金丝桃
❼ 克劳凯奥（铁丝网灌木）
❽ 多花素馨
❾ '白雪公主'常春藤

凸显质感的叶类植物

❻ 绵毛水苏

【使用的容器】

**双耳带底座的
杯形容器**

不要脱去简易花盆，直接将花苗
放入花盆中，确定盆栽布局。

【栽植步骤】

1 摘掉微型月季的枯叶，保持良好通风。从简易花盆中拿出花苗后，轻轻松动根部下段。

此处是关键！

在月季的根部涂抹硅酸盐白土（Hi-Fresh等），可提高成活率。

2 在花盆中央栽种微型月季、南非万寿菊，搭配巧克力波斯菊和金丝桃。

3 加入富有跃动感的柳穿鱼。可分株栽种。

4 绵毛水苏生命力顽强，可将其分株栽种。栽种时去掉根部的一部分土壤，使根部小一点。

5 栽种克劳凯奥和多花素馨时，使其舒展开来，更显灵动。

6 将常春藤分株，抖落根部的土壤，根据枝条的伸展状况进行栽种，使其呈倾泻状。

7 加土时注意不要让花盆边沿的部分出现空洞。

8 用一次性木筷沿着花盆边沿插进土中，压实土壤。

9 观察整体的平衡，修剪多余的枝条和脏污的叶片。

此处是关键！

将常春藤分株后，可按图片所示，根据枝条朝向和形状，搭配起来进行栽种。

适合作主花的植物

花毛茛
【毛茛科 / 球根植物】
【株高30 ~ 50cm】

花瓣薄如纸片，重瓣，花直径可达15cm，花色艳丽。喜光照，忌高温潮湿。

花期
1	2	3	4	5	6	7	8	9	10	11	12

郁金香
【百合科 / 球根植物】
【株高10 ~ 60cm】

球根植物的代表。有单瓣型、百合型、流苏型、重瓣型等多种花型，花色丰富。使用已发芽的球根更易于栽培。

花期
1	2	3	4	5	6	7	8	9	10	11	12

风信子
【风信子科 / 球根植物】
【株高约20cm】

早春时节的代表性球根植物。花序由粉色或紫色小花聚集而成。虽然花期不长，但饱满的花蕾也很可爱，花蕾期间亦可观赏。

花期
1	2	3	4	5	6	7	8	9	10	11	12

葡萄风信子
【百合科 / 球根植物】
【株高10 ~ 25cm】

可爱的早春使者。开花时蓝色壶状小花如葡萄般簇拥在一起。栽种后任其自由生长，次年也能开花。

花期
1	2	3	4	5	6	7	8	9	10	11	12

金鱼草
【车前科 / 一年生草本植物】
【株高20 ~ 120cm】

品种繁多，有多种花色和株高。不耐水湿，浇水应待土壤干燥之后进行。花朵淋雨后易腐烂，需要置于合适的场所。

花期
1	2	3	4	5	6	7	8	9	10	11	12

南非万寿菊（蓝眼睛）
【菊科 / 宿根草本植物】
【株高30 ~ 50cm】

花色丰富。花型多变，有的品种中间的管状花瓣是重瓣的，极富存在感。修剪后可多次开花。

花期
1	2	3	4	5	6	7	8	9	10	11	12

南美天芥菜

【紫草科 / 多年生草本植物、灌木】

【株高10 ～ 100cm】

花朵呈半圆形，由紫色或白色小花堆簇而成。香草植物，芳香诱人。从花朵中提炼的精油可用于制作香水。耐寒性较差。

花期

1	2	3	4	5	6	7	8	9	10	11	12

宿根龙面花（耐美西亚）

【玄参科 / 宿根草本植物】

【株高15 ～ 30cm】

花序呈穗状，花色有粉、白、紫、橘等颜色。修剪后花穗不断向上生长。不耐高温，切忌潮热。

花期

1	2	3	4	5	6	7	8	9	10	11	12

木茼蒿

【菊科 / 灌木】

【株高50 ～ 100cm】

花色多样，清秀动人。忌潮湿，浇水应待土壤干燥后进行。嫩叶需防蚜虫。

花期

1	2	3	4	5	6	7	8	9	10	11	12

'绿冰'月季

【蔷薇科 / 灌木】

【株高约60cm】

微型月季，花朵直径约3cm，从淡粉色到浅绿色的色彩层次极具吸引力。花开败后要追肥。需注意防治蚜虫和白粉病。

花期

1	2	3	4	5	6	7	8	9	10	11	12

蓝目菊

【菊科 / 一年生草本植物】

【株高20 ～ 70cm】

原产于非洲，花茎修长，每条花茎开一朵花。花直径5 ～ 10cm。需注意避免日照不足，忌潮湿，宜在干燥环境下培育。

花期

1	2	3	4	5	6	7	8	9	10	11	12

旱金莲

【旱金莲科 / 一年生草本植物】

【株高20 ～ 100cm】

别名金莲花。本为蔓生植物，低矮品种更受欢迎。喜日照、干燥。夏季应置于半日阴环境。花、叶可食用。

花期

1	2	3	4	5	6	7	8	9	10	11	12

美女樱

【马鞭草科 / 一年生草本植物、宿根草本植物】

【株高15 ～ 30cm】

小花聚集在一起开放。耐寒、耐热，花期长，极具魅力。修剪后追肥，可再次开花。需注意防治白粉病。

花期

1	2	3	4	5	6	7	8	9	10	11	12

小型大丽花（小丽花）

【菊科 / 球根植物】

【株高20 ～ 50cm】

组合盆栽中常选用小型的大丽花。花开败后，剪掉上部二分之一的植株，追肥，秋季有可能再次开花。

花期

1	2	3	4	5	6	7	8	9	10	11	12

常作辅花的植物

勿忘草

【紫草科 / 一年生草本植物】

【株高 15 ~ 30cm】

直径只有 5 ~ 8mm 的小花盛开后，朵朵相互簇拥着，淡雅可爱。除蓝色以外，还有粉、白两种颜色的品种。初春时节易生蚜虫，需要注意防范。

花期

1	2	3	4	5	6	7	8	9	10	11	12

'斑叶'瓦伦汀小冠花

【豆科 / 常绿灌木】

【株高 20 ~ 100cm】

花朵黄色，芳香怡人。花开败后，可作为彩叶植物使用。忌潮湿，浇水应待土壤干燥之后进行。

花期

1	2	3	4	5	6	7	8	9	10	11	12

报春花

【报春花科 / 一年生草本植物】

【株高 20 ~ 40cm】

寒冷的季节也能开花，花色有白色、粉色、淡紫色等，品种繁多。待 8 成左右的花开败之后，从枝条底部进行修剪。

花期

1	2	3	4	5	6	7	8	9	10	11	12

野草莓（森林草莓）

【蔷薇科 / 多年生草本植物】

【株高 10 ~ 30cm】

白色小花和红色果实惹人喜爱。由于叶形可爱，常被用作彩叶植物。特别是黄绿色叶片的品种，能使组合盆栽更显明朗、更有活力。

花期

1	2	3	4	5	6	7	8	9	10	11	12

宿根屈曲花

【十字花科 / 宿根草本植物】

【株高 10 ~ 20cm】

可爱的小花同时开放。喜日照，忌潮湿，需要置于通风良好的环境中。摘掉枯萎的花朵后，会长出腋芽，再次开花。

花期

1	2	3	4	5	6	7	8	9	10	11	12

银叶爱沙木

【玄参科 / 多年生草本植物、灌木】

【株高 50 ~ 100cm】

原产于澳大利亚。整株植物被银色绒毛覆盖，可作为彩叶植物使用。忌潮湿，尽量不要淋雨。

花期

1	2	3	4	5	6	7	8	9	10	11	12

'紫叶'大戟

【大戟科 / 宿根草本植物】

【株高约 60cm】

大戟属植物品种繁多，其中黑紫色叶片的品种非常醒目，与黄色花（实为苞片）对比鲜明，艳丽夺目。

花期

1	2	3	4	5	6	7	8	9	10	11	12

法国薰衣草

【唇形科 / 灌木】

【株高 40 ~ 60cm】

像羽毛一样的花，娇俏可爱，深受人们喜爱。银白色叶片也颇具人气。忌高温潮湿，因此在夏季来临之前需进行修剪。

花期

1	2	3	4	5	6	7	8	9	10	11	12

费利菊

【菊科/多年生草本植物】

【株高20～50cm】

深蓝色的花开在纤细的枝条顶端，散发着田园气息，惹人喜爱。斑叶品种也能作为彩叶植物使用。忌高温潮湿。

花期

1	2	3	4	5	6	7	8	9	10	11	12

小金雀花

【豆科/灌木】

【株高15～100cm】

花朵密集，花型可爱。花开败后移种、剪短，可每年观赏小巧的植株。

花期

1	2	3	4	5	6	7	8	9	10	11	12

鹅河菊

【菊科/一年生草本植物、多年生草本植物】

【株高10～30cm】

花瓣纤细，颇具人气。有紫、粉、白、黄等多种花色。忌潮热，在梅雨季节前修剪可安全渡夏。

花期

1	2	3	4	5	6	7	8	9	10	11	12

'牛津蓝'地被婆婆纳

【玄参科/宿根草本植物】

【株高10～20cm】

纤细的茎在分枝的过程中呈地毯状铺展开来，蓝紫色的小花开满全株。栽种时使其溢出花盆，尤显灵动。

花期

1	2	3	4	5	6	7	8	9	10	11	12

'波纹石'柳穿鱼

【车前科/一年生草本植物】

【株高15～30cm】

花穗修长，花色丰富，有淡紫、黄、红等多种颜色。开败后剪掉花穗可二次开花。

花期

1	2	3	4	5	6	7	8	9	10	11	12

枫叶天竺葵

【牻牛儿苗科/多年生草本植物】

【株高20～80cm】

花朵较普通的天竺葵更为朴素淡雅，但叶形、叶色十分出众，常作为彩叶植物使用。忌潮湿，需置于干燥环境中。

花期

1	2	3	4	5	6	7	8	9	10	11	12

'卡特兰'三叶草

【豆科/多年生草本植物】

【株高10～20cm】

花朵为紫红和白色的双色花。生命力强，生长茂盛，植株不易杂乱是一大特点。喜湿。

花期

1	2	3	4	5	6	7	8	9	10	11	12

门氏喜林草（粉蝶花）

【紫草科（田基麻科）/一年生草本植物】

【株高10～20cm】

花径2～3cm，开花时，花朵仿佛要从花盆中溢出一般。蓝色品种较为常见，另外也有紫色和白色品种。湿热环境下会引发疾病，需置于通风良好的环境中。

花期

1	2	3	4	5	6	7	8	9	10	11	12

初夏

盛夏

White
白色

夏堇

赛亚麻

'烟花白色'山桃草

能带来丝丝凉意的清爽色与鲜艳色最适宜

（带来丝丝凉意的颜色）

初夏~盛夏，强烈的日照最能衬托深黄色、橘色、红色等鲜艳活泼的颜色。待到阴郁的梅雨季节，就需要白色、绿色、蓝色、紫色等清爽的色彩。暖色系的组合盆栽能带来蓬勃的朝气，让观赏者在暑热的季节也能感到畅快淋漓。而冷色系的组合盆栽则能为感官带来清凉感，使观赏者的内心平静，具有治愈效果。究竟哪一种更合适呢？这在一定程度上取决于周围的环境。因此可以根据摆放场所来调整组合盆栽的色调。

小型组合盆栽和花环的土壤易干燥，因此，炎炎盛夏最好将其置于半日阴环境中。

Blue~Purple
蓝色~紫色

熊耳草

矢车菊

蓝花鼠尾草

以白色和绿色为基调的组合盆栽。选用的植物有天竺葵、'钻石霜'禾叶大戟、五叶地锦等。

S. Ito

'虎眼'黑心金光菊

Yellow~Orange
黄色~橘色

缤纷百日菊

（在强光下鲜艳夺目的色彩）

万寿菊

Vivid Pink~Red
深桃色~红色

繁星花

长春花

青葙

'康茄'观赏辣椒和假连翘的亮丽组合。背景是叶片细长的'黄金'石菖蒲。

N.Wakamatsu

桌上的组合盆栽的栽植步骤参见第87页，右下角和中间的组合盆栽参见第44、45页，左下角的多肉植物组合盆栽参见第110页。

S. Ito

31

深浅各异的紫花搭配叶色
打造一个清新凉爽的花环

N.Wakamatsu

轻轻摇曳的彩星花带来清凉感

冷色调的花环。用重瓣的矮牵牛体现华丽感，同色系的淡紫色彩
星花则营造出一种清凉感。关键在于酸橙色的伞花麦秆菊，使盆
栽立刻生动明朗了起来，更显清爽。

管理要点 筐子中栽种的植物比较多，土壤量相对较少，因此需
及时补充水分。

组合盆栽观赏期

1	2	3	4	5	6	7	8	9	10	11	12
				●					●		

【使用的植物】
1 '香草紫罗兰'重瓣矮牵牛
2 彩星花
3 伞花麦秆菊
4 千叶兰（斑叶）
【筐子尺寸】直径35cm

栽植步骤参见第36～37页

案例 B

用铁丝篮和沉木容器
打造青翠欲滴的山林景象

S. Ito

点缀素雅清秀的花朵和果实

虽然虎耳草和紫金牛的叶片很有观赏价值，但它们在初夏季节开出的素雅花朵以及紫金牛在冬季结出的红色果实更加出众。悬挂盆栽要突出粗齿绣球，而大盆栽的着重点则在于斑叶的虎耳草。翠云草和卷柏为盆栽营造出一种山林气息。

栽植要点 用铁丝将沉木固定在铁丝篮上作为花盆。可采取平置、竖立、悬挂等多种放置方法。

管理要点

因上述植物均喜半
日阴条件，故应置
于半日阴环境中。

组合盆栽观赏期

1	2	3	4	5	6	7	8	9	10	11	12
			●							●	

【使用的植物及栽植次序】

❶ 紫金牛　❷ 虎耳草
❸ 粗齿绣球（泽八仙）
❹ 卷柏
❺ 翠云草

【铁丝篮尺寸】

小号：
宽30cm×深15cm×高15cm

大号：
宽60cm×深15cm×高15cm

容器相关内容请参照第98页

巧用筐箩
渲染亚洲风情

S. Ito

① 菱叶粉藤

② 锡兰水梅

③ 倒挂金钟

④ 阔叶山麦冬（斑叶）

【使用的植物及栽植次序】
① 菱叶粉藤　② 锡兰水梅
③ 倒挂金钟　④ 阔叶山麦冬（斑叶）
【容器尺寸】
直径30cm × 高10cm

突出倒悬的花

锡兰水梅与倒挂金钟均原产于亚热带。与竹筐箩搭配，颇具异域风情。再搭配浅绿色的阔叶山麦冬，造型流畅，清爽雅致。此外，因倒挂金钟的花朵朝下开放，置于稍高一点的地方也很别致。

栽植要点　用粗铁丝给竹筐箩做一个提手，作为花盆使用。栽种时要使植物从竹筐箩中倾泻下来。

管理要点　锡兰水梅与倒挂金钟喜湿，应充分浇灌，置于半日阴的环境下。

组合盆栽观赏期

1	2	3	4	5	6	7	8	9	10	11	12
					●				●		

【使用的植物】
❶ '古典玫瑰' 矮牵牛
❷ '青铜龙' 金鱼草
❸ '舞动的蓝' 丹皮尔花（*Dampiera teres* 'Dancing Blue'）
❹ 绵毛点地梅
❺ '阳光洒布者' 茅莓

【容器尺寸】
宽25cm×深15cm×高16cm

栽植步骤参见第38～39页

组合盆栽观赏期											
1	2	3	4	5	6	7	8	9	10	11	12

黄绿色叶片搭配小花，张弛有度

为突出鲑鱼粉色的矮牵牛，用黄绿色叶片的'阳光洒布者'茅莓为盆栽增添明亮感，通过紫叶金鱼草收敛整体色彩。开紫色小花的丹皮尔花开败后可作为银叶植物继续使用。

管理要点 及时摘掉矮牵牛的残花，栽种一个月后追肥，可持续开花。

案例 D

用花期较长的矮牵牛
制作悬挂盆栽
从初夏便可开始观赏

N.Wakamatsu

Technique

为盛土量较少的筐子贴附水苔
以防缺水

由于制作花环所用的筐子盛土量不多，土壤几乎与
筐子外沿持平，为防止浇水时水溢出或泥土飞溅，
请一定要使用水苔。
初夏至盛夏时节，土壤易干燥，水苔亦可防止缺水。

【所需物品】

① 营养土　② 圆筒铲土杯　③ 水苔　④ 基肥
⑤ 营养液　⑥ 剪刀　⑦ 一次性木筷　⑧ PVC 手套

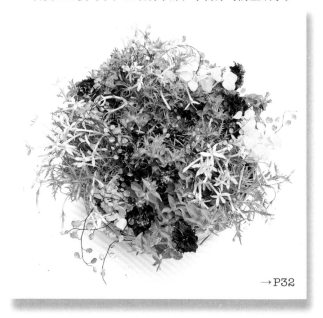

→P32

【使用的容器】

制作花环的筐子

【使用的植物及栽植次序】

① '香草紫罗兰' 重瓣矮牵牛
② 彩星花　③ 伞花麦秆菊
④ 千叶兰（斑叶）

【准备工作】

用剪刀将筐子内的塑料膜剪　将水苔泡入水中，吸足水分。
10 ~ 15 个孔。

预先对花苗进行布局。
将主花矮牵牛摆成三
角形，中间放入彩星
花，使整体平衡美观。

【栽植步骤】

1 因为筐子的底较浅，故省略盆底石，直接填土至3cm左右的深度。

2 预先修剪矮牵牛，去掉枯萎的残花和黄叶。从简易花盆中取出花苗时，注意不要损伤根部，将去根部的部分土壤。

3 将矮牵牛摆放成三角形。

摆放成
三角形

4 在矮牵牛中间放置彩星花。注意勿将其根团弄散。

5 将伞花麦秆菊分株，栽种时思考如何布局更美观。

此处是关键！

调整花苗高度
栽种时适时填土，以防止花苗下沉。

6 将千叶兰分株。因为千叶兰比较皮实，弄掉一点根不会影响植株生长，所以可将部分土壤将去，使根部体积小一些。

此处是关键！

若用手难以操作，可改用剪刀
若根部较硬，可用剪刀剪断，然后用手分株。

7 种好的伞花麦秆菊和千叶兰。

8 加土至筐子边沿向下1cm处，用一次性木筷贴着筐子边缘插入土中，以压实土壤。

9 轻轻拧干水苔，将其铺在土壤表面，注意厚度要适宜。

边缘部位以及植物间隙也应铺上水苔。

此处是关键！

案例 D 组合盆栽的栽植步骤
＜初夏～盛夏＞

Technique

在市售挂篮中铺上防草地膜
以防止土壤流失

用大网眼麻布作为内衬的挂篮非常方便，
可以轻轻松松地制作悬挂式盆栽。
先在里面贴附防草地膜，可防止土壤流出，保持土壤湿润。

【使用的植物及栽植次序】

① '古典玫瑰'矮牵牛
② '阳光洒布者'茅莓
③ '青铜龙'金鱼草
④ '舞动的蓝'丹皮尔花
⑤ 绵毛点地梅

【所需物品】

① 营养土
② 圆筒铲土杯
③ 基肥
④ 防草地膜
⑤ 水苔
⑥ 剪刀
⑦ 一次性木筷
⑧ PVC 手套

【使用的容器】

挂篮

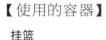

【准备工作】

将水苔泡入水中，吸足水分。

将防草地膜剪成适当大小，用剪刀在中央剪开数个孔。沿着篮子内侧放入，在边缘处反折，用订书机固定。

搭配花苗，确定盆栽的布局。

→P35

【栽植步骤】

1 填入混有基肥的土，深度约4cm。将花苗贴着花篮壁放入，以确定加土量，留出1cm的容水空间，然后填入适量的土。

注意下陷的部分
因花篮内侧呈弧状，容易出现空隙，应先在花篮壁附近填入充足的土。

2 从主花矮牵牛开始栽种。将花苗从简易花盆中拿出，去掉枯叶。将根部长有霉斑和苔藓的土壤轻轻抹去，注意不要损伤根部。

3 茅莓的根部较壮实，去掉根部的土壤也无大碍，因此可尽量抹去多余土壤，使其根部体积小一些。栽种时应稍稍前倾。

4 将紫叶的金鱼草作为盆栽背景。

5 注意不要折断丹皮尔花的根部，用它来衬托矮牵牛。

6 栽种绵毛点地梅，同时加土，以调整高度。

7 加完土后，将一次性木筷贴着篮子边缘插进土中，以压实土壤，注意避免损伤根部。

8 轻轻拧干水苔，铺在土壤表面，厚度要适宜。植物之间也需铺上水苔。

9 观察整体的平衡，对叶片稠密的部位进行调整。

原种系非洲菊的纤细花茎
令人感受到清风的拂动

两种叶类植物
更添清凉感和紧凑感

非洲菊的花朵饱满、花茎壮实，而原种系的非洲菊的花茎修长纤细，花朵小巧秀气，随风摆动时甚为优雅。以细叶芒进行搭配，更显清凉。紫叶的紫叶鸭儿芹起到收敛整体色彩的作用。

栽植要点 使用朴素的深色花盆，凸显非洲菊花茎的修长。

管理要点 非洲菊喜阳，应给予充足日照。勿过度浇灌，保持土壤干燥。

组合盆栽观赏期

1	2	3	4	5	6	7	8	9	10	11	12
				●—	—●						

【使用的植物及栽植次序】
❶ '超级深红'古典非洲菊
❷ 细叶芒 ❸ 紫叶鸭儿芹
【花盆尺寸】
直径40cm × 高40cm

【使用的植物及栽植次序】
① '炸弹壳' 圆锥绣球
② '齐齐尼' 黑心金光菊
③ 红叶槿
④ '南瓜' 爵床
⑤ 万寿菊
⑥ 蓝蝴蝶（乌干达赪桐）
⑦ 齿叶半插花
⑧ 金脉金银花

【花盆尺寸】
直径40cm × 高40cm

案例 F
锦簇花团和大号花盆
凸显存在感

N.Wakamatsu

圆锥绣球和黑心金光菊，带来花团锦簇的视觉效果

'炸弹壳'是圆锥绣球中花、叶较小的品
种，便于制作组合盆栽。花量较多，用大
号花盆搭配较为适宜。'齐齐尼'黑心金
光菊的花色较丰富，横跨黄色～茶色，素
雅的花色极具魅力，非常适合用紫叶植
物进行搭配。

栽植要点 应从圆锥绣球和黑心金光菊等位于中央位置、株形较
高的植物开始栽种。再搭配一些明黄色的万寿菊，盆栽的整体效
果会显得更加明快。

管理要点 圆锥绣球第二年也会开花。将
花期已过的其他植物拔出，另行栽种。

组合盆栽观赏期

1	2	3	4	5	6	7	8	9	10	11	12
						●		●			

只要限制色彩数量
植物再多也不失雅致

N.Wakamatsu

【使用的植物及栽植次序】

❶ '巨人精神'松果菊

❷ '酸橙皇后'百日菊

❸ '红酸橙皇后'百日菊

❹ 金丝桃 ❺ '博若莱'紫花珍珠菜

❻ '维多利亚白色'蓝花鼠尾草

❼ 红脉酸模

❽ 紫叶草珊瑚

❾ '白金'旋花

❿ '阳光洒布者'茅莓

⓫ '婴儿手'常春藤

【花盆尺寸】

直径50cm×高20cm

用一个盆栽打造一座迷你化园

◀选用复古风的大号马口铁花盆，制作充满灵动感的组合盆栽。将黄绿色～粉色的大花百日菊、暗粉色的松果菊作为主花，使盆栽整体具有层次感。再搭配多彩的叶类植物，看似色彩单调，却余韵绵长。

栽植要点 将叶色、叶形差异较大的叶类植物相邻栽种，并使正面的植物从花盆中垂下。

管理要点 保持干爽，植物生长过于繁密时适当修剪叶类植物。

组合盆栽观赏期

1	2	3	4	5	6	7	8	9	10	11	12

芥末色与紫色是绝配

▼松果菊花芯部分的芥末色的管状花与花盆色调统一，深紫色的'黑珍珠'观赏辣椒与芥末色更是绝配。松果菊外围的舌状花花瓣凋落之后，仅剩中心部分球形的管状花也非常可爱。

栽植要点 栽种甜舌草时，要使其从花盆两侧流畅地延伸出去。同时令正面的部分卷曲缠绕，以此来体现动态美。

管理要点 待到次年3～4月，将松果菊替换掉，挖出的松果菊可用在新盆栽中。

【使用的植物及栽植次序】

❶ 松果菊

❷ '黑珍珠'观赏辣椒

❸ 苔草

❹ 甜舌草

【花盆尺寸】 直径25cm×高30cm

组合盆栽观赏期

1	2	3	4	5	6	7	8	9	10	11	12

案例 H

花芯色和花盆色搭配和谐 凸显灵动感

S. Ito

仅用三种植物就足够豪华

百日菊的魅力在于深粉色、白色和黄色这三色之间的平衡，为了最大限度地将百日菊之美展示出来，用红色的繁星花进行点缀，并佐用一些野芝麻。野芝麻银白色的美丽叶片为盆栽增添了轻盈感。

栽植要点 选用较低矮的繁星花花苗，高度不要超过百日菊。

管理要点 野芝麻生长过于繁茂时，应适当进行修剪。

组合盆栽观赏期											
1	2	3	4	5	6	7	8	9	10	11	12

案例 I

①

②

③

【使用的植物及栽植次序】
❶ '樱桃红和象牙白'百日菊
❷ 繁星花
❸ '灯塔银'野芝麻
【花盆尺寸】
直径22cm × 高25cm

用同色系的花朵搭配彩叶植物
体现夏日明快感

S. Ito

只要突出纵向线条鲜艳花色也能带来凉意

【使用的植物及栽植次序】

❶ 细叶芒
❷ 蓝花马鞭草
❸ 青葙
❹ 长春花
❺ 日本紫珠（斑叶）

【花盆尺寸】

直径 40cm × 高 25cm

S. Ito

用斑叶凸显明亮感

鲜粉色的长春花和同花色的青葙组合。虽然花朵色彩艳丽，但搭配斑叶日本紫珠、叶形利落的细叶芒之后，竟有一种清凉爽朗的感觉。

栽植要点 和复古风的马口铁花盆搭配在一起，大众化的长春花也优雅了起来。

管理要点 长春花散落的花瓣停留在叶片或土壤表面上，会慢慢腐烂，导致植株发生病害，需及时去除。

组合盆栽观赏期

1	2	3	4	5	6	7	8	9	10	11	12
					●				●		

45

适合作主花的植物

缤纷百日菊
【菊科 / 一年生草本植物】

【株高 20 ～ 40cm】

株形紧凑，花形小巧秀丽，花期持续至秋季。耐旱、耐暑热，喜日照。

百日菊（中大型品种）
【菊科 / 一年生草本植物】

【株高 50 ～ 80cm】

中大型百日菊极具存在感，直立的茎顶部开花。近年来多有花色不常见的品种，适合用于夏季组合盆栽中。

万寿菊
【菊科 / 一年生草本植物】

【株高 20 ～ 100cm】

亮黄色～橘色的花朵不断盛开，生命力强，易于栽培。夏季剪掉一半，秋季可大量盛开。

长春花
【夹竹桃科 / 多年生草本植物，常作一年生栽培】

【株高 20 ～ 50cm】

花期长，盛夏时节也能茂密生长，是夏季组合盆栽的理想植物。花瓣落在叶片上会导致叶片腐烂，需时去除。

花期

1	2	3	4	5	6	7	8	9	10	11	12

花期

1	2	3	4	5	6	7	8	9	10	11	12

花期

1	2	3	4	5	6	7	8	9	10	11	12

绣球
【虎耳草科 / 落叶灌木】

【株高 40 ～ 200cm】

绣球为梅雨季～初夏时节带来了丝丝凉意。组合盆栽中适宜使用小型紧凑的品种。摘去残花时，留下 3 ～ 5 个芽，再修剪新梢。

繁星花
【茜草科 / 常绿灌木】

【株高 30 ～ 100cm】

白色、粉色、红色的星星状小花成聚伞花序密集开放。开败后从花序根部剪掉，盛夏时节也能持续开花。注意保持良好的通风。

'锐视'羽状鸡冠花
【苋科 / 一年生草本植物】

【株高 20 ～ 30cm】

植株大小适合用于组合盆栽。耐暑热，夏季也能茁壮生长。叶片为紫色，故可作为彩叶植物使用。

花期

1	2	3	4	5	6	7	8	9	10	11	12

花期

1	2	3	4	5	6	7	8	9	10	11	12

花期

1	2	3	4	5	6	7	8	9	10	11	12

花期

1	2	3	4	5	6	7	8	9	10	11	12

矮牵牛

【茄科/一年生草本植物、多年生草本植物】

【株高 15 ~ 50cm】

有单瓣、重瓣、小花型等品种。花瓣不耐雨，尽量不要淋雨。梅雨季前应修剪一半。

松果菊

【菊科/多年生草本植物】

【株高 40 ~ 80cm】

花朵中心部分突起，十分引人注目。花色、花形丰富多变，一朵花可长期观赏。需置于日照充足的环境下。

十字爵床（鸟尾花）

【爵床科/多年生草本植物（在日本为一年生草本植物）】

【株高 15 ~ 80cm】

原产于热带，令人陶醉的橘色花朵与泛着深绿色光泽的叶片形成鲜明对比，十分出众。是盛夏时节组合盆栽的理想植物。

'加拉加斯'鸡冠花（灼热的女王）

【苋科/一年生草本植物】

【株高 15 ~ 60cm】

深桃色的狐尾状花穗惹人注目，盛夏时节也能持续开花。开败后从根部往上植株高度的三分之一处进行修剪。

花期

1	2	3	4	5	6	7	8	9	10	11	12

花期

1	2	3	4	5	6	7	8	9	10	11	12

黑心金光菊

【菊科/一、二年生草本植物，多年生草本植物】

【株高 30 ~ 100cm】

充满夏日气息的花色令人联想到向日葵。有些品种的花朵直径达 10cm 以上，绚丽夺目。生命力强，在烈日下也能开花。

锡兰水梅

【夹竹桃科/常绿灌木】

【株高 30 ~ 200cm】

斯里兰卡的野生植物，耐高温、潮湿。纯白色花朵与油亮光泽的叶片形成鲜明对比。盛夏时节需采取半日阴的管理方法。保持水分充足。

花期

1	2	3	4	5	6	7	8	9	10	11	12

花期

1	2	3	4	5	6	7	8	9	10	11	12

花期

1	2	3	4	5	6	7	8	9	10	11	12

花期

1	2	3	4	5	6	7	8	9	10	11	12

【图鉴】适合初夏~盛夏组合盆栽的植物

适合作辅花的植物

小花矮牵牛
【茄科/一年生草本植物、多年生草本植物】

【株高10~30cm】

花型小，花期长，花朵与矮牵牛相似。花色丰富，不断有新品种出现。梅雨季前应适当修剪。

1	2	3	4	5	6	7	8	9	10	11	12

金毛菊
【菊科/一年生草本植物】

【株高20~30cm】

花朵直径约2cm，开花时，整个植株缀满花朵。纤细的叶片轻轻伸展，赋予组合盆栽一种灵动感。亦可悬挂栽培。

花期

1	2	3	4	5	6	7	8	9	10	11	12

蓝花鼠尾草
【唇形科/多年身草本植物，常作一年生栽培】

【株高25~50cm】

别名一串蓝。在鼠尾草中属于较紧凑型，亦有白花品种。忌潮热，应注意通风。

花期

1	2	3	4	5	6	7	8	9	10	11	12

'博若莱'紫花珍珠菜
【报春花科/宿根草本植物】

【株高50~100cm】

这个品种具有俏皮的酒红色花穗、透着银色的叶片，极具反差美，广受好评。喜光线充足的半日阴环境。

花期

1	2	3	4	5	6	7	8	9	10	11	12

熊耳草
【菊科/一年生草本植物】

【株高15~80cm】

轻柔的花朵堆簇开放，有淡紫色、白色、粉色等不同花色的品种。花期长，可观赏至秋季。花枝过长时应适当修剪。

花期

1	2	3	4	5	6	7	8	9	10	11	12

千日红
【苋科/一年生草本植物、多年生草本植物】

【株高15~50cm】

从矮性品种到高性品种应有尽有。花期长，耐暑热，摘掉残花后会继续开花。需置于光照充足的场所。

花期

1	2	3	4	5	6	7	8	9	10	11	12

夏堇
【玄参科/一年生草本植物】

【株高20~30cm】

花形可爱，在炎热季节也能持续开花。为预防病害，应及时去除掉落在叶片上的花瓣。盛夏时节避开直射阳光，置于半日阴的环境下。

花期

1	2	3	4	5	6	7	8	9	10	11	12

赛亚麻
【茄科/一年生草本植物、多年生草本植物】

【株高20~30cm】

花形为酒杯状，花量繁多。匍匐茎的品种会从花盆边沿垂下。花色有白色和紫色。枝条生长过长时，剪掉一半，可再次开满花。

花期

1	2	3	4	5	6	7	8	9	10	11	12

48

彩星花
【桔梗科 / 一年生草本植物】
【株高 20 ~ 40cm】

淡紫色或粉色的星星状花朵，搭配纤细的叶片，清新别致。生长繁茂，四处蔓延，覆盖整个花盆。7月进行修剪，秋季可再次开花。

花期
1	2	3	4	5	6	7	8	9	10	11	12

'亮点' 牛至
【唇形科 / 多年生草本植物】
【株高 20 ~ 40cm】

花蕾黄绿色，花朵粉色，苞片的部分呈红色。开花较缓慢，可观赏4个月之久。银色的叶片也很出众。

花期
1	2	3	4	5	6	7	8	9	10	11	12

肾茶（猫须草）
【唇形科 / 一年生草本植物】
【株高 30 ~ 50cm】

原产于热带，耐暑热，白色的花朵给人一种清凉感，极其适合用于夏季的组合盆栽中。不耐旱，需注意及时浇水。

花期
1	2	3	4	5	6	7	8	9	10	11	12

天使花（香彩雀）
【玄参科（车前科）/ 多年生草本植物】
【株高 30 ~ 100cm】

紫色、白色、粉色的花穗不断向上生长，夏季也能盛开。喜潮湿，需及时浇水。7 ~ 8月修剪后会长出腋芽。

花期
1	2	3	4	5	6	7	8	9	10	11	12

新风轮
【唇形科 / 宿根草本植物】
【株高 50 ~ 100cm】

柔软的茎上开满白色、粉色、紫色的小花，带来阵阵凉意。叶片散发香气，清爽怡人，可制成香草茶。需及时浇水。

花期
1	2	3	4	5	6	7	8	9	10	11	12

大花新风轮（斑叶）
【唇形科 / 宿根草本植物】
【株高 40 ~ 60cm】

淡粉色的花朵惹人喜爱，斑叶常用作彩叶植物。叶片散发香气，清爽怡人。为新风轮属中的小型品种。

花期
1	2	3	4	5	6	7	8	9	10	11	12

千屈菜
【千屈菜科 / 多年生草本植物】
【株高 60 ~ 100cm】

修长的茎上生长着穗状的洋红色小花。喜日照。

花期
1	2	3	4	5	6	7	8	9	10	11	12

马缨丹
【马鞭草科 / 常绿灌木】
【株高 30 ~ 180cm】

小花呈球形盛开，有粉色、朱红色、黄色等多种花色。生长过于繁茂时应适当修剪。

花期
1	2	3	4	5	6	7	8	9	10	11	12

A·U·T·U·M·N
W·I·N·T·E·R
秋～冬

雅致色彩，点缀萧萧秋日
绚丽华美，装扮年末岁首

秋季是属于红叶和果实的季节。深沉厚重的红褐色、紫红色花朵以及彩叶植物在秋季崭露头角。使用黄色花朵时，若选择颜色较深的、略带褐色的黄色或是橘色调的植物，就能体现出秋的气息。

临近冬季，人们开始盼望圣诞节和新年的到来。要体现此时的季节感，红、白、深绿的组合是最佳选择。用深粉色代替红色会显得华丽大方。

制作秋冬两季的组合盆栽时，一定要选用会结果的植物。若在秋季组合盆栽中使用橘色、朱红色、紫色，在圣诞节和新年的组合盆栽中加入红色或白色的果实，季节感会更加鲜明。

Reddish Brown~Purple
红褐色～紫色

'黑珍珠'
观赏辣椒

墨西哥鼠尾草

巧克力波斯菊

（风情万种的色彩）

'咖啡奶油'
金盏花

Yellow~Orange
黄色～橘色

球根秋海棠

观赏辣椒

（适合年末岁首的颜色）

用红色的仙客来、白妙菊、宿根屈曲花、紫金牛、'黑龙'扁蕚沿阶草、常春藤，制作富有冬日气息的红白花环。

仙客来

White
白色

帚石南

丽果木

N.Wakamatsu

帚石南、婆婆纳、香雪球、'黑色俄罗斯'羽衣甘蓝、'青铜龙'金鱼草等深色植物的组合。

Vivid Pink~Red
深桃色～红色

仙客来

朱莉报春

'大浆果'
白珠树

N.Wakamatsu

右侧的悬挂盆栽参见第101页，左侧的悬挂盆栽参见第57页，右下方的仙客来盆栽参见第55页，左下方的盆栽参见第59页。

S.Ito

51

用高挑的鼠尾草和低矮的金球亚菊
营造秋天的田野般的氛围

S.Ito

【使用的植物及栽植次序】
① '酸橙绿光'深蓝鼠尾草
② 金球亚菊
③ '菲奥娜日出'多花素馨
④ 锦绣苋

【容器尺寸】
宽35cm×深10cm×高10cm

秋天的经典搭配——紫色与黄色

选用充满田园感的金球亚菊，制作颇具日式风情的组合盆栽。深蓝鼠尾草黄绿色的苞片与多花素馨的叶色相得益彰。随着气温下降，锦绣苋的叶色会慢慢染红。

栽植要点 将鼠尾草栽种在不对称的位置上，盆栽造型更显自然。若大胆地赋予高低落差，则看上去错落有致，灵动毕现。

管理要点 金球亚菊和深蓝鼠尾草均为宿根草本植物，花开败后在枝条高度的二分之一处剪断，次年春季重新栽种，可继续观赏。

组合盆栽观赏期

1	2	3	4	5	6	7	8	9	10	11	12
									●	●	●

点缀纤细的紫叶

集合了秋季色彩的组合盆栽作品。紫叶的紫叶狼尾草与芒有几分相类，营造出秋日风情，也体现了灵动之美。秋日七草之一的佩兰，以白色的花朵和带有斑纹的叶片为组合盆栽增添了一抹亮色。

栽植要点 栽种前方的喜旱莲子草时，叶面朝外，稍稍前倾。

管理要点 佩兰喜湿润，需及时浇灌。

组合盆栽观赏期

1	2	3	4	5	6	7	8	9	10	11	12
								●	●		

以红褐色为主
用草的线条感
凸显秋之气息

案例 **B**

N.Wakamatsu

【使用的植物及栽植次序】
① 紫叶狼尾草
② 斑叶佩兰
③ 巧克力波斯菊
④ '巧克力'白蛇根草
⑤ 喜旱莲子草
⑥ '缟玛瑙'彩叶草

【花盆尺寸】
直径34cm × 高36cm

N.Wakamatsu

华丽的仙客来搭配果实
展现满满的季节感

巧用椰子纤维，打造雅致作品

选用华美秀丽的皱边仙客来，搭配同色系的丽果木，凸显季节感。'黑龙'扁葶沿阶草与深粉色相得益彰，使盆栽张弛有度，银叶菊则为盆栽增添了明亮感。

管理要点 虽然皱边仙客来比较耐寒，但在霜降严重的地区最好还是置于屋檐下栽培。

栽植步骤参见第61页

组合盆栽观赏期

1	2	3	4	5	6	7	8	9	10	11	12

【使用的植物及栽植次序】
❶ 仙客来
❷ '酸橙绿阳伞' 茅莓
❸ 丽果木
❹ '卷云' 银叶菊
❺ '黑龙' 扁葶沿阶草
【容器尺寸】
宽28.5cm × 高18cm

S. Ito

用秋色的角堇与彩叶植物演绎出季节感

从10月末开始，在花店就能看到角堇的身影了。雅致的砖红色品种，与叶片会变红的金丝桃搭配在一起，尽显秋日风情。

栽植要点　可选用一盆多色混合的香雪球，也可以从中挑选一种中意的颜色。

管理要点　可长期观赏，也可在早春时节将角堇与香雪球同其他植物重新搭配，制作新的组合盆栽。

【使用的植物及栽植次序】
❶ 角堇
❷ 香雪球
❸ '大理石黄' 金丝桃
【容器尺寸】
直径25cm× 高10cm

组合盆栽观赏期

1	2	3	4	5	6	7	8	9	10	11	12
		●—●							●—●—●		

案例 D

搭配让人联想到松针的叶类植物增添新年的氛围

仅用仙客来和蓝羊茅两种植物制作的小型悬挂盆栽。蓝羊茅修长的叶片让人联想到松针，作为新年装饰恰到好处。

栽植要点　栽种蓝羊茅时稍稍倾斜，使其从花盆中垂下。

管理要点　仙客来和蓝羊茅喜日照，需置于阳光充足的场所。

组合盆栽观赏期

1	2	3	4	5	6	7	8	9	10	11	12
		●							●		

【使用的植物及栽植次序】
❶ 仙客来
❷ 蓝羊茅
【容器尺寸】
直径12cm× 高25cm

案例 E

S. Ito

N.Wakamatsu

案例 **F**

鲜艳的秋海棠
营造小巧玲珑的华丽感

随着秋色渐深，球根秋海棠的花朵变得大而华丽。用艳丽的朱红色品种，搭配红色果实的金丝桃和银色叶片的白妙菊，一盆富有圣诞气息的小型组合盆栽就诞生了。

栽植要点　野外的球根秋海棠一般生长在悬崖等处，叶片很容易只朝着一个方向生长，花朵也朝着相同的方向开放。在制作盆栽时，需注意叶片的朝向。

管理要点　置于日照充足的场所。

组合盆栽观赏期

1	2	3	4	5	6	7	8	9	10	11	12

【使用的植物及栽植次序】
① 球根秋海棠
② 白妙菊
③ 克劳凯奥（铁丝网灌木）
④ '粉色蓝宝石'金丝桃
⑤ 薜荔

【容器尺寸】
直径15cm × 高15cm

案例 **G**

圣诞玫瑰搭配常绿植物
寒冬时节也能绿意盎然

使用重瓣的绿色和粉色圣诞玫瑰，凸显华丽感。茵芋的花蕾可长期观赏，常绿的叶片光泽鲜亮，是冬季组合盆栽的上乘之选。

栽植要点　圣诞玫瑰的花苗若有旧叶，可剪掉一些之后再栽种。

管理要点　开花期间应置于日照充足的场所，每月施2～3次液肥。

【使用的植物及栽植次序】
① 茵芋
② 圣诞玫瑰
③ 白妙菊
④ 花叶络石

【花盆尺寸】
直径25cm × 高25cm

组合盆栽观赏期

1	2	3	4	5	6	7	8	9	10	11	12

N.Wakamatsu

S. Ito

【使用的植物及栽植次序】

❶ '月光'薜荔
❷ '大浆果'白珠树
❸ '黑色俄罗斯'羽衣甘蓝
❹ '菲奥娜日出'五叶地锦

【篮子尺寸】
宽40cm×深25cm×高20cm

案例 H

用红叶和红色果实展现深秋之美

红色果实和斑叶是盆栽的重点

如同蔷薇花一般的羽衣甘蓝,在深秋时节会变成深紫色。斑叶薜荔使盆栽的色调张弛有度。因为栽种在篮子里,可以平置观赏,也可以用钉子挂到墙上作为装饰。

栽植要点 枝条修长的五叶地锦可以如左侧图片中那样垂下来,如上方图片那样蜷曲着也很别致。

管理要点 若悬挂在墙壁上,可取下浇水。往根部浇水时注意不要溅到叶片。

组合盆栽观赏期

1	2	3	4	5	6	7	8	9	10	11	12
									●—	—●	●

清新脱俗的白色组合盆栽
令人联想到美妙的雪景

S. Ito

案例
I

叶形不同的银色叶片是关键

▲将白色的仙客来作为主花，种在搪瓷脸盆里的组合盆栽。搭配细叶的'棉花糖'百脉根和圆叶的马蹄金这两种银叶植物，富于变化，灵动毕现。辅以穗状的帚石南作为点缀。

栽植要点 拆开仙客来的"叶组"之后再栽种，更显自然。

管理要点 叶类植物遭霜害、雪害后会枯萎，需要注意。

 →

刚购入的仙客来通常呈现为花朵聚集在中央、叶柄被扩展到周围形成"叶组"的状态。

拆开"叶组"，以稍显凌乱的状态栽种，更显自然。

常绿叶片和红色花朵形成反差美

▶用木箱代替花盆栽种植物，看上去仿佛一件珍贵的礼物。'巧克力'仙客来会随着气温的下降而逐渐变成深红色。搭配常绿叶类植物，作为圣诞节的装饰再好不过。为避免沉闷，用斑叶紫金牛和三色络石增添明亮度和灵动感。

栽植要点 表面铺上一层树皮碎片，可对盆栽外观进行调整，亦可防止泥土溅出。

管理要点 每月施2～3次液肥，可延长仙客来的花期。

组合盆栽观赏期

1	2	3	4	5	6	7	8	9	10	11	12

【使用的植物及栽植次序】
❶ '巧克力'仙客来
❷ '卡罗红'镜子灌木（*Coprosma repens* 'Karo Red'）
❸ '黑巧克力'草珊瑚
❹ 斑叶紫金牛
❺ 三色络石
【容器尺寸】
宽40cm×深25cm×高10cm

组合盆栽观赏期

1	2	3	4	5	6	7	8	9	10	11	12

【使用的植物及栽植次序】
❶ 仙客来
❷ 帚石南
❸ '棉花糖'百脉根
❹ 马蹄金
【容器尺寸】
直径45cm×高15cm

案例 J

将植物种在木箱里
仿佛一份珍贵的礼物

S. Ito

59

以红色为基调的暖色系植物组合
为寒冬季节带来丝丝温暖

N.Wakamatsu

【使用的植物及栽植次序】

❶ '黑尾巴'尤加利

❷ '红铜'紫罗兰

❸ '银色条纹'金鱼草（斑叶）

❹ '小樱桃'龙面花/耐美西亚

❺ '菲奥娜日出'多花素馨

❻ 球根秋海棠

❼ '赫恩豪森'光叶牛至

❽ 斑叶长阶花

❾ '绵毛'银桦

❿ 羽衣甘蓝

【花盆尺寸】直径35cm×高17cm

小巧玲珑的花搭配华美绚丽的花，张弛有度

选用色彩艳丽的龙面花品种——'小樱桃'。小花型的龙面花与大花型的球根秋海棠之间形成反差美，植株较高的紫罗兰和金鱼草凸显立体感。紫叶的尤加利起到收敛盆栽整体色彩的作用，多花素馨则为盆栽增添了明快感。

栽植要点 植物数目较多，因此最好从中央开始栽种。球根秋海棠的花朵易掉落，栽种时需注意。

管理要点 若将盆栽置于玄关等光线充足的场所，球根秋海棠会开得更好。

组合盆栽观赏期

1	2	3	4	5	6	7	8	9	10	11	12

组合盆栽的栽植步骤
<秋~冬>

Technique

巧用椰子纤维的组合盆栽

在铁丝篮中铺上椰子纤维，为组合盆栽增添几分雅致。

→P54

【使用的植物及栽植次序】

❶ 仙客来
❷ 丽果木
❸ '卷云' 银叶菊
❹ '黑龙' 扁莎沿阶草
❺ '酸橙绿阳伞' 茅莓

【使用的容器】

铁丝篮

【所需物品】

❶ 营养土（混有基肥）
❷ 椰子纤维
❸ 营养液
❹ 剪刀
❺ 圆筒铲土杯
❻ 一次性木筷
❼ PVC手套

【栽植步骤】

1 在铁丝篮内侧铺上椰子纤维。需铺厚一些，否则土壤和水分可能会流出。

2 将根最深的花苗贴着篮子放入，以确定加土高度。

此外是关键！

为防止干燥，春夏季可在篮子内侧贴附防草地膜。秋冬季直接填土即可。

3 首先栽种仙客来。将花苗从简易花盆中取出，抖落上方的土壤，摘去枯叶。

4 为防止下沉，一边填土一边栽种丽果木。栽种时稍向前倾。

5 在内侧再种一株仙客来。

6 将银叶菊根部的土壤抖落一半，使根部小一些，然后栽种在正前方。另一棵隔着仙客来栽种在对角线位置上。

7 若 '黑龙' 扁莎沿阶草的植株太大，可将其分株成适当大小。若用手分株较困难，可用剪刀剪开。

8 栽种茅莓时，使其从篮子中蔓延而出。土全部填完后，用一次性木筷压实土壤。

适合作主花的植物

球根秋海棠

【秋海棠科 / 球根植物】

【株高 20 ～ 30cm】

秋冬开花，花朵直径可达10cm，花色丰富，单朵花的观赏期可随着时节的推移而延长。

花期

1	2	3	4	5	6	7	8	9	10	11	12

三色堇、角堇

【堇菜科 / 多年生草本植物，一、二年生草本植物】

【株高 15 ～ 25cm】

新品种不断上市，花色、花型丰富多样。常将花型较大的称为三色堇，花型较小的称为角堇。也有花型中等的品种。

花期

1	2	3	4	5	6	7	8	9	10	11	12

紫罗兰

【十字花科 / 多年生草本植物，一、二年生草本植物】

【株高 20 ～ 80cm】

花色丰富，鲜艳夺目的花穗不断向上生长。近年来也出现了耐寒性强的品种，若不遭霜害，花期可从秋季持续至来年春季。

花期

1	2	3	4	5	6	7	8	9	10	11	12

菊咲鬼针草

【菊科 / 一、二年生草本植物，多年生草本植物】

【株高 20 ～ 120cm】

黄色花瓣的边缘泛白色的品种很受欢迎。此外也有粉色和白色品种。而攀援性品种可从花盆中垂落下来。

花期

1	2	3	4	5	6	7	8	9	10	11	12

仙客来

【报春花科 / 球根植物】

【株高 15 ～ 20cm】

耐寒性强，可在室外培育。色彩丰富，从白色到红色应有尽有。还有花瓣边缘有褶皱的品种，花姿十分华丽。

花期

1	2	3	4	5	6	7	8	9	10	11	12

朱莉报春

【报春花科 / 多年生草本植物，常作一年生栽培】

【株高 5 ～ 20cm】

新品种不断涌现，花色丰富多样，还有花形类似蔷薇的品种。花期应及时浇水，给予充足日照。

花期

1	2	3	4	5	6	7	8	9	10	11	12

天竺葵

【牻牛儿苗科 / 多年生草本植物】

【株高 20 ～ 100cm】

修长的茎顶端数朵花齐开，华丽大方。花期从春季延续至秋季，非常适合在秋季用于组合盆栽中。

花期

1	2	3	4	5	6	7	8	9	10	11	12

'咖啡奶油'金盏花

【菊科 / 一年生草本植物】

【株高 20 ～ 50cm】

花瓣表面为杏色、背面为褐色的品种，色调雅致，深受人们喜爱。深秋时节栽种开花的植株，花期可持续至次年春天。花朵直径为 7 ～ 10cm。

花期

1	2	3	4	5	6	7	8	9	10	11	12

圣诞玫瑰

【毛茛科 / 宿根草本植物】

【株高 30 ～ 60cm】

有隆冬时节开花的黑色品种和初春时节开花的杂交品种。改良品种繁多，花色丰富，从浅绿至黑色应有尽有。置于半日阴环境下也能茁壮生长。

花期

1	2	3	4	5	6	7	8	9	10	11	12

'大浆果'白珠树

【杜鹃花科 / 常绿灌木】

【株高 10 ～ 20cm】

观果的平铺白珠树的大型果实品种。常用于秋季～圣诞节的组合盆栽中，与羽衣甘蓝、角堇是绝配。

果实观赏期

1	2	3	4	5	6	7	8	9	10	11	12

丽果木（珍珠树）

【杜鹃花科 / 常绿灌木】

【株高 20 ～ 100cm】

初夏时节开花，花朵似日本吊钟花。秋季结果，果实直径 1cm，果实颜色有白色、红色、粉色。怕干燥，勿置于寒风中。

果实观赏期

1	2	3	4	5	6	7	8	9	10	11	12

羽衣甘蓝

【十字花科 / 一年生草本植物】

【株高 10 ～ 70cm】

品种繁多，叶片有具光泽感的，有亚光质感的，有缺口的，有卷叶的，等等。微型品种常用在花环中。

叶片观赏期

1	2	3	4	5	6	7	8	9	10	11	12

【图鉴】适合秋冬组合盆栽的植物

适合作辅花的植物

墨西哥鼠尾草

【唇形科 / 多年生草本植物】

【株高 60 ~ 150cm】

别名紫绒鼠尾草。紫色的绒毛状花穗是一大特点，银色叶片也可作为彩叶植物使用。

花期

1	2	3	4	5	6	7	8	9	10	11	12

帚石南

【杜鹃花科 / 常绿灌木】

【株高 10 ~ 60cm】

枝条呈花穗状，株形整齐繁密。有夏季开花和冬季开花的品种，亦有红叶品种。

叶片观赏期

1	2	3	4	5	6	7	8	9	10	11	12

'红雀'朱砂根

【紫金牛科（报春花科）/ 常绿灌木】

【株高 50 ~ 100cm】

观叶、观果植物，有红火吉祥的寓意，因此长久以来深受人们喜爱。斑叶品种或无法结果。

叶片观赏期

1	2	3	4	5	6	7	8	9	10	11	12

果实观赏期

1	2	3	4	5	6	7	8	9	10	11	12

巧克力波斯菊

【菊科 / 多年生草本植物】

【株高 30 ~ 70cm】

具巧克力般的香气，雅致的色彩很受欢迎。纤细的枝条随风轻拂，颇具风情。有春季开花和秋季开花的品种。

花期

1	2	3	4	5	6	7	8	9	10	11	12

紫金牛

【紫金牛科（报春花科）/ 常绿灌木】

【株高 20 ~ 30cm】

长久以来广受喜爱，叶片和果实均可观赏。耐阴性、耐寒性很强，非结果期可作为彩叶植物使用。

叶片观赏期

1	2	3	4	5	6	7	8	9	10	11	12

果实观赏期

1	2	3	4	5	6	7	8	9	10	11	12

香雪球

【十字花科 / 多年生草本植物，常作一年生栽培】

【株高 10 ~ 15cm】

枝条呈匍匐状展开，小花在枝条顶端呈球形盛开。花色有白色、粉色、杏黄色、紫红色等。亦有斑叶品种。

花期

1	2	3	4	5	6	7	8	9	10	11	12

锦绣苋

【苋科 / 多年生草本植物，常作一年生栽培】

【株高 10 ~ 30cm】

叶片色彩丰富，有紫红色、红色、黄色以及斑叶品种。近年来作为彩叶植物很受欢迎。耐寒性差，遭霜害后会枯萎。

叶片观赏期

1	2	3	4	5	6	7	8	9	10	11	12

'黑珍珠'观赏辣椒

【茄科 / 一年生草本植物】

【株高 30 ~ 70cm】

黑叶观赏性辣椒，常用作彩叶植物。花朵为紫色，果实会从黑紫色变成红色，光泽鲜亮。

叶片、果实观赏期

1	2	3	4	5	6	7	8	9	10	11	12

第2章

色彩与容器的
深度研究

掌握植物配色和容器选择的诀窍之后，
组合盆栽的表现力会大幅提升。
若想创作出美丽的组合盆栽，
一定要熟练掌握这些诀窍！

课程1
熟练掌握
配色技巧

整体色调对于组合盆栽来说至关重要。
若漫无目的地随意搭配，
整体造型将会失去平衡感。
如何对花与花、花与叶的色彩进行搭配，
创作出和谐美观的组合盆栽作品呢？
下面介绍4种配色技巧。

1 同色系搭配

利用花朵的大小和形状赋予变化

制作组合盆栽时，使用同色系植物是最稳妥的。将色调相近、花形和大小不同的花朵搭配起来，然后辅以叶类植物，是组合盆栽的基本思路。用这种方法创作的组合盆栽平衡、协调，很适合初学者。

增添点缀

不仅花与花之间的色调要相近，花与叶也要选用同色系的进行搭配，这样会带来品位不凡的效果。但如果所有的植物都是同色系，难免会有单调之感。在这种情况下，只要增添一点醒目的叶类植物，整个盆栽作品就能显得张弛有度。
第67页的三色堇组合盆栽中，右下角的紫红色叶片的'赫恩豪森'光叶牛至起到了收敛盆栽整体色调的作用。而下方暗红色的组合盆栽中，则通过点缀银灰色的野芝麻，为盆栽带来了明快感。

（挑选同色系的花）

M.Nagai

Yellow
黄色

角堇与'咖啡奶油'金盏花不仅花瓣颜色相近，角堇的花纹和金盏花的花芯也是同色系。斑叶多花素馨乳白色的叶片与角堇和金盏花的花色也是同色系。

Purple
紫色

三色堇与重瓣南非万寿菊、羽扇豆都是淡紫色。搭配'千叶'牛至、紫花琉璃草、法绒花等，银色系叶片与紫色花朵非常协调。

M.Nagai

Lime Green
酸橙绿

M.Nagai

以酸橙绿色的绣球花作为主花，添加白色的'钻石霜'禾叶大戟，再搭配鼠尾草、'花环'菱叶粉藤等各种叶类植物。控制色彩数量，可以给人清爽的印象。

（花色和叶色为同色系）

巧克力波斯菊　　'基纳可可'矮牵牛　　红叶千日红

Dark Red
暗红色

将花的中心部分为暗红色的'基纳可可'矮牵牛、巧克力波斯菊与同色系的紫叶的红叶千日红进行搭配。仅用这三种植物给人的感觉比较暗，故以银色系的野芝麻为盆栽增添明亮感。

Pink
粉色

M.Nagai

叶片带粉色的长阶花搭配雅致的粉色三色堇。白色的银莲花和香雪球也是同色系。再点缀紫叶的'赫恩豪森'光叶牛至。

S.Ito

相反色搭配

生动活泼 璀璨夺目

在右侧的色相环中处于相对位置的颜色称为"互补色",也叫做"对比色"。它们之间有互相衬托的效果。另外,处于等边三角形的三角位置上的颜色叫做"三元组色",这三种颜色搭配起来非常协调。

制作组合盆栽时,若使用色相环上距离较远的"相反色"进行搭配,盆栽会显得生动活泼,整体会极具存在感,绚丽夺目,给观者留下深刻的印象。

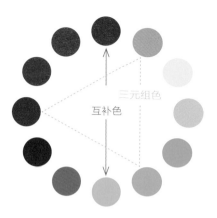

色相环由不同的颜色按顺序排列而成,处于相对位置的颜色叫做"互补色",它们之间对比鲜明。位于等边三角形的三角位置上的3种颜色称为"三元组色",例如橘色、紫色和蓝绿色。

色彩比例是关键

若各种色彩比例完全相同,那么盆栽整体很有可能会失衡。可以提升主花的色彩比例,再增添一些小花,略微削弱整体的存在感,这样盆栽更易达到平衡。但是,选择这种搭配方法需要一定的勇气,希望大家多多尝试,思考如何使盆栽更加平衡美观吧!

S. Ito

Red & Blue
红色和蓝色

以大花型的红色矮牵牛为主花,辅以蓝色的矢车菊,使人印象深刻。再加上樱桃鼠尾草等红色小花,削弱色彩间的强烈对比,从而使盆栽更具平衡感。

Red

櫻桃鼠尾草

'猩红'美女樱

'迷幻红'矮牵牛

Blue

'蓝色地毯'矢车菊

其他

'花环'菱叶粉藤

千叶兰

M.Nagai

Yellow & Burgundy
黄色和勃艮第酒红色

选用黄色花瓣上略带紫红色的角堇。柠檬色的'柠檬美人'亮叶忍冬与紫叶相互映衬,使组合盆栽有着强烈的视觉冲击力,彰显出不凡的品位。

S. Ito

Orange Orange

马缨丹

万寿菊

Purple Purple

矮牵牛

蓝花鼠尾草

'格罗索'宽窄叶杂交
熏衣草

其他

假酸浆（黑脸蛋）

齿叶半插花

Orange & Purple
橘色和紫色

以明亮的橘色花、泛蓝的紫色花以及绿色叶片打造的"三元组色"
组合盆栽。紫色占比稍多，使盆栽生动中透出沉静。而光泽鲜亮
的紫叶齿叶半插花是点睛之笔。

3

发现花色，搭配色彩

仔细观察花瓣以外的部分

说到花色，我们一般会想到花瓣的颜色。但是仔细观察就会发现，花瓣以外的部分也蕴藏着各种色彩。

例如雄蕊顶端有包裹着花粉的花药，下面是支撑着花药的花丝。雌蕊则由受粉的柱头、后续会发育成果实的子房以及花柱组成，它们与花瓣的颜色都是不同的。

仔细观察花瓣也会发现，其基部和顶端都隐藏着不易发现的色彩。

轻松搭配，平衡协调

找出隐藏的花色后，尝试将具有相同色彩的花朵或叶片搭配起来吧！比如下面的例子，一眼望去，蓝色和黄色似乎并非良配，但实际搭在一起却并不勉强，反而优雅自然，甚是美观。

仔细观察'杏'百日菊会发现……

与百日菊的花蕊基部色调相同的巧克力波斯菊

百日菊雄蕊的花丝上隐藏着紫红色

M.Nagai

与百日菊的花蕊基部色调相同的矮牵牛

N.Wakamatsu

与费利菊花蕊的颜色进行搭配

费利菊在3～5月间会开出清新怡人的蓝紫色花朵。将视线转到它黄色的花蕊上，搭配花瓣为柠檬黄色的龙面花，以及新芽会变黄的'伯里姆斯通'多毛灰雀花，整体色调散发着春天的气息。

黄色花

龙面花

费利菊
关注黄色的花蕊

叶

'伯里姆斯通'多毛灰雀花

花烟草的花瓣
略带紫红色

花烟草的花期从5月一直持续到10月。这种淡黄色品种的花瓣和花朵基部的管状部位略带紫红色,搭配紫中带红的矮牵牛和'黑珍珠'观赏辣椒恰到好处。而叶片具紫色脉络的吊竹梅则为盆栽增添了几分明快感。

紫红色
花

'朱丽叶'矮牵牛
(黑色)

花烟草

仔细观察就会发现,淡黄色的花瓣
上略微带点紫红色

S. Ito

紫红色
叶

凸显灵动感的叶类植物

吊竹梅

'黑珍珠'观赏辣椒

婚纱吊兰

注意矮牵牛的
中心部位

矮牵牛以淡粉色为底色，中央泛着紫红色，搭配与其中心部位颜色相同的'博若莱'紫花珍珠菜。此组合盆栽以同色系为基调，雅致秀丽。此外，叶类植物也选用相同的色调。

酒红色
花

'博若莱'紫花珍珠菜

'奶茶'矮牵牛
花芯周围是紫红色

M.Nagai

凸显灵动感的叶类植物

勃艮第酒红色
叶

'黑色塔夫绸'矾根

紫叶风箱果

克劳凯奥（铁丝网灌木）

多花素馨

使用过渡色
相反色也能平衡协调

右边的组合盆栽是蓝色搭配暗红色，下方是紫色搭配黄色，这两种都是"相反色"的组合。但由于花色中隐藏着过渡色，彼此间的反差不会很强烈，整体观感依然优雅别致、协调平衡。

S. Ito

黄色

N.Wakamatsu

紫色 × 黄色 无论是深紫色的角堇还是淡紫色的角堇，其花朵中心部位都有一抹黄色。搭配淡黄色叶片的'伯里姆斯通'多毛灰雀花，雅致美观。

**蓝色 ×
暗红色** 仔细观察蓝色的钓钟柳，会发现其底部带有暗红色。用它作为"桥梁"，充当蓝色的蓝星花、暗红色的金鸡菊以及彩叶草之间的过渡色再好不过。

蓝星花

金鸡菊

彩叶草

钓钟柳

找寻隐藏的花色

'红酸橙皇后'百日菊

色彩富有层次感是该品种的一大特点。酸橙绿色当中带有粉色，花蕊中隐藏着紫红色。

角堇

三色堇和角堇中隐藏着丰富的色彩。图中这朵角堇有黄色的花纹。

勿忘草

花型小，直径仅8mm左右，中心有一抹黄色。

金鱼草

仔细观察外形复杂的花朵，会发现在花瓣基部隐藏着黄色。

南非万寿菊

柠檬黄色的花瓣基部带有紫红色，雄蕊的花丝也是紫红色的。

4 用彩叶植物调整色调

效果因色彩而不同

彩叶植物是组合盆栽中不可或缺的辅助角色。叶色、叶形、质感相互配合，赋予组合盆栽独特的风格，衬托出花朵的美。

彩叶植物的叶色丰富多样。想要凸显明快感，可以选择黄叶（金叶）以及斑叶；想要使组合盆栽看上去协调紧凑，那么紫叶（紫红色）植物是不错的选择。另外，银色叶片的植物优雅出众，可以用来提升盆栽的品位。

不要忽视叶形和质感

叶形是千姿百态的。叶片修长纤细的草类植物和藤蔓植物能为盆栽带来灵动感；矾根和彩叶草等叶片较大的植物则可以有效提升盆栽的色彩比例。此外，选择的叶类植物是具有光泽感的，还是被覆细绒的，抑或是亚光质感的，这也能改变组合盆栽的韵味。

彩叶植物的颜色种类

<紫叶>   <银叶>

矾根   银叶木薄荷

<斑叶>   <黄叶（金叶）>

五叶地锦   '阳光洒布者'茅莓

A 使色彩更紧凑

红褐色~紫红色的叶片被称为"紫叶"，它能使组合盆栽看上去紧凑别致。若整体色彩模糊单调，可以利用紫叶植物收敛整体色彩，使整体张弛有度。

想要柔和的色调

为柔和色调的组合盆栽挑选了'焦糖布丁'福禄考、白色的山桃草、银叶野芝麻以及欧亚碱蒿。因花、叶色调柔和，给人一种朦胧的观感。

点缀紫叶鸭儿芹

在柔和的色调中增添紫叶植物，使盆栽整体张弛有度，协调平衡。

特意选用枝条充满跃动感的福禄考，轻灵的感觉非常适合初夏时节。紫叶鸭儿芹衬托着盆栽整体的柔和色调。

ℬ 增添明快感

黄绿色~酸橙绿色的"黄叶（金叶）"
与白色或乳黄色的斑叶彩叶植物，
能为组合盆栽增添明快感，
使盆栽的观感瞬间改变。

N.Wakamatsu

增加黄绿色的茅莓，盆栽瞬间变得明快起来。

S. Ito

在非洲菊的底部栽种斑叶的日本紫珠，
散发初夏时节的清爽气息。

𝒞 柔化花色

花色过于强烈耀眼时，
可增添彩叶植物以柔化其色调，
使盆栽更显优雅。
搭配与花色相映成趣的彩叶植物吧！

S. Ito

传统的朱红色一串红，用在组合盆栽中过于醒目，略显突兀。但搭配柔和色调的福禄考以及乳黄色的斑叶五叶地锦，则展现出雅致之美。

五叶地锦　　　　　　　　一串红

选用白色会使对比过于强烈，因而选用乳黄色的斑叶彩叶植物以及同色系的花，以柔化朱红色。　　鲜艳的朱红色易显土气。

【图鉴】适合**组合盆栽**的彩叶植物

叶色多样的彩叶植物

矾根
【虎耳草科/宿根草本植物】
【株高20～60cm】
有酸橙绿色叶、紫叶、银叶等品种。置于半日阴环境中也能茁壮生长。5～6月盛开的花朵可爱动人。

叶片观赏期 | 1 2 3 4 5 6 7 8 9 10 11 12

彩叶草
【唇形科/一年生草本植物】
【株高20～100cm】
叶色富于变化，华丽感不输花朵。夏季置于直射阳光下会导致叶片灼伤，应置于半日阴的环境中。

叶片观赏期 | 1 2 3 4 5 6 7 8 9 10 11 12

三叶草
【豆科/多年生草本植物】
【株高10～20cm】
品种繁多，有紫叶、黑叶、带有清晰花纹的叶等。可与各种植物任意搭配，是组合盆栽中的重要角色。花期为4～6月。

叶片观赏期 | 1 2 3 4 5 6 7 8 9 10 11 12

收缩色的彩叶植物

红脉酸模
【蓼科/宿根草本植物】
【株高15～30cm】
别名赤筋酸模。食用香草的变种。叶片上清晰的深红色脉络令人印象深刻，常用作组合盆栽的点缀。

叶片观赏期 | 1 2 3 4 5 6 7 8 9 10 11 12

'黑龙'扁葶沿阶草
【百合科/常绿宿根草本植物】
【株高20～30cm】
叶片呈黑色，纤细修长，具有光泽，搭配其他植物有衬托之效。常绿植物，叶片整年都很美观，可一年四季观赏。

叶片观赏期 | 1 2 3 4 5 6 7 8 9 10 11 12

'流星'珍珠菜
【报春花科/常绿多年生草本植物】
【株高5～10cm、茎长20～50cm】
别致的紫叶带有不规则的粉色斑点。春天开黄色小花。因具有匍匐性，枝条会从花盆中蔓延出去，能为盆栽增添灵动感。

叶片观赏期 | 1 2 3 4 5 6 7 8 9 10 11 12

紫叶半插花（假紫苏）
【爵床科/多年生草本植物】
【株高5～30cm】
半插花属品种繁多，有叶片带缺口的、卷叶的等。照片中的品种叶片背面为银绿色，表面为紫红色，光泽鲜亮，非常美观。

叶片观赏期 | 1 2 3 4 5 6 7 8 9 10 11 12

'青铜龙'金鱼草
【车前科/耐寒性多年生草本植物】
【株高20～50cm】
叶片是近乎黑色的青铜色，叶形美观。常作为组合盆栽中的点缀。5～10月盛开的粉色或玫瑰色花朵甚是可爱。

叶片观赏期 | 1 2 3 4 5 6 7 8 9 10 11 12

紫叶鸭儿芹
【伞形科/宿根草本植物】
【株高20～30cm】
是食用鸭儿芹的紫叶品种。因叶色出众，近年来颇受喜爱。生命力强，易于栽培。可播种繁殖。

叶片观赏期 | 1 2 3 4 5 6 7 8 9 10 11 12

色彩明亮的彩叶植物

野芝麻

【唇形科/常绿宿根草本植物】

【株高5～20cm】

有金叶、斑叶等品种。在半日阴环境下也能茁壮生长。4～9月盛开的小花玲珑秀丽。高温潮湿的季节应适当修剪。

叶片观赏期 | 1 | 2 | 3 | 4 | 5 | 6 | 7 | 8 | 9 | 10 | 11 | 12

'伯里姆斯通'多毛灰雀花

【豆科/常绿灌木】

银绿色的叶片和淡黄色的新芽之间的反差极具魅力。花期5～6月，花形似紫云英，娇俏可爱。

叶片观赏期 | 1 | 2 | 3 | 4 | 5 | 6 | 7 | 8 | 9 | 10 | 11 | 12

金叶过路黄

【报春花科/半常绿多年生草本植物】

【株高5～15cm】

匍匐植物，生长较快，鲜艳的酸橙绿色叶片能为组合盆栽带来明快感。耐旱性差，需及时浇水。

叶片观赏期 | 1 | 2 | 3 | 4 | 5 | 6 | 7 | 8 | 9 | 10 | 11 | 12

金丝桃

【藤黄科/常绿灌木】

【株高15～50cm】

品种繁多，斑叶品种和三色品种还适合用作彩叶植物。

叶片观赏期 | 1 | 2 | 3 | 4 | 5 | 6 | 7 | 8 | 9 | 10 | 11 | 12

五叶地锦

【葡萄科/落叶灌木（藤蔓植物）】

【藤长20～150cm】

别名五叶爬山虎。叶面宽大，叶片上有白色和黄绿色的斑点的品种，能为组合盆栽带来灵动感。秋季叶片会变红。

叶片观赏期 | 1 | 2 | 3 | 4 | 5 | 6 | 7 | 8 | 9 | 10 | 11 | 12

斑叶日本紫珠

【马鞭草科/落叶灌木】

【株高20～200cm】

秋天会结出漂亮的紫色果实。斑叶品种作为彩叶植物，别有一番风味。待到秋天，白色的部分会略带粉红。

叶片观赏期 | 1 | 2 | 3 | 4 | 5 | 6 | 7 | 8 | 9 | 10 | 11 | 12

银色系彩叶植物

银叶木薄荷

【唇形科/常绿灌木】

【株高20～200cm】

原产于澳大利亚，叶片具清凉香气。2～5月开淡紫色花，非花期亦可作为银叶植物使用。

叶片观赏期 | 1 | 2 | 3 | 4 | 5 | 6 | 7 | 8 | 9 | 10 | 11 | 12

彩叶鼠尾草

【唇形科/多年生草本植物】

【株高30～80cm】

品种繁多，有斑叶、金叶、紫叶等品种。5～7月盛开的紫色花朵非常迷人。需置于日照充足的环境中。

叶片观赏期 | 1 | 2 | 3 | 4 | 5 | 6 | 7 | 8 | 9 | 10 | 11 | 12

兑劳凯奥（铁丝网灌木）

【山茱萸科/常绿灌木】

【株高20～150cm】

叶片与弯曲的纤细枝条均为银白色。树姿独特，近年来颇具人气。勤加修剪可使枝条繁密。

叶片观赏期 | 1 | 2 | 3 | 4 | 5 | 6 | 7 | 8 | 9 | 10 | 11 | 12

'肯特美人'牛至

【唇形科/多年生草本植物】

【株高10～30cm】

看起来像粉色花瓣的是苞片，6～7月会显出颜色。忌高温潮湿，需保持良好通风。夏季亦会枯萎。

叶片观赏期 | 1 | 2 | 3 | 4 | 5 | 6 | 7 | 8 | 9 | 10 | 11 | 12

'银蕾丝'白妙菊

【菊科/多年生草本植物】

【株高20～60cm】

叶片像蕾丝一样，观赏性高。开花时会消耗植株的营养，故于花蕾期摘去花朵，可保持叶片美观。

叶片观赏期 | 1 | 2 | 3 | 4 | 5 | 6 | 7 | 8 | 9 | 10 | 11 | 12

欧亚碱蒿（南木蒿）

【菊科/多年生草本植物】

【株高20～150cm】

别名老人蒿。纤细的叶片为银绿色，散发柠檬般的香气。忌潮热，应保持良好通风。

叶片观赏期 | 1 | 2 | 3 | 4 | 5 | 6 | 7 | 8 | 9 | 10 | 11 | 12

课程2
如何挑选
别具一格的容器

不同的容器会赋予组合盆栽截然不同的观感。
从材质、形状、色彩等各个角度，
验证容器与植物是否搭配，
思考如何使用别具一格的容器吧！

了解材质和形状特征

容器的材质和形状直接影响到组合盆栽的整体风格。即使是同一种植物，也会因容器材质或形状的不同而产生巨大的观感变化。

接下来我们比较探讨一下，盆栽整体的感觉会因容器材质或形状而发生怎样的改变。只要记住使用何种容器能够体现自己想要的风格，就能在制作组合盆栽时轻而易举地挑选出合适的容器。

犹豫不决时就使用马口铁容器吧

确定了组合盆栽中使用的植物，却不知道该搭配什么容器，那就选择马口铁容器吧！因为它用法多样，能表现出不同的风格。或自然、或复古、或时髦，可谓全能型选手。选用马口铁容器不易出错，尤其适合初学者。

（容器材质）

素烧花盆
风格自然，通气性良好，易于栽种植物。

马口铁容器
形状多样，轻巧称手，百搭。

提篮
照片所示的提篮内侧贴有塑料膜，专门用于制作组合盆栽。天然材质，彰显自然气息。

陶土花盆
有的带浮雕，有的带颜色，种类繁多。特点在于便于彰显个性。

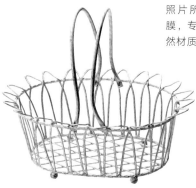

铁丝篮
搭配大灰藓或椰子纤维使用。带有曲线感的外形纤细雅致。

同样的植物，植于不同材质的容器中，结果会怎样？

完全相同的5种植物，
分别栽种在提篮、搪瓷盆、素烧花盆中。
材质不同的花盆，会给观感带来怎样的变化呢？
从成品可以一目了然地看到，它们风格迥异。

【使用的植物】

阔叶山麦冬（斑叶）　　非洲凤仙

嫣红蔓　　薜荔　　'童话'菱叶粉藤

提篮→浪漫风

S. Ito

使用编织感粗糙的提篮。散发出采花少女般浪漫天然的气息。

搪瓷盆→流行风

S. Ito

搪瓷盆的坚硬质感散发着都市气息，很适合与古董杂货以及复古风的小物件摆在一起作为装饰。

素烧花盆→自然风

S. Ito

使用素烧花盆，自然中透出沉静。适合各种环境和场合。

同样的植物，植于不同形状的容器中，结果会怎样？

完全相同的5种植物，
分别栽种在圆筒形、长方形、扁平的漏斗形容器中。
形状不同的花盆，会给观感带来怎样的变化呢？
结果显而易见，即使相同的植物，
也会因容器的形状不同而给人截然不同的感觉。

【使用的植物】

香叶天竺葵　'可爱万岁'矮牵牛　'蜂鸟'醉蝶花

紫娇花

'纯银'野芝麻

圆筒形容器
↓
稳重风

S. Ito

使用长筒形花盆。既凸显了紫娇花的修长，也烘托出整体的沉稳感和协调感。

长方形容器
↓
庭院风

S. Ito

铁丝篮给人一种自然感。在左右非对称位置上栽种紫娇花，弥漫着田野般的气息。

漏斗形容器
↓
灵动风

S. Ito

漏斗形花盆的盆底窄、盆口宽，形状扁平，栽种植物时可使其从花盆中延伸出来，体现跃动感。

同样的容器，采用不同的栽植方法或不同的植物，结果会怎样？

下方的组合盆栽都使用铁丝篮作为容器。铁丝篮直接使用是无法盛土的，需在内侧铺上一些材料。铺上不同的材料（椰子纤维或大灰藓）会营造出不同的氛围。当然，所种植物的不同也可改变盆栽的风格。

> 铁丝篮
> +
> 椰子纤维
> ↓
> 优雅风

铁丝篮内铺上椰子纤维，栽种大朵的重瓣矮牵牛、小花矮牵牛、'粉红蟋蟀'香茶菜等。使用椰子纤维，令盆栽散发着优雅的气息。

M.Nagai

> 铁丝篮 + 大灰藓
> ↓
> 山野风

铁丝篮内铺上大灰藓，栽种了虎耳草、紫金牛、翠云草，充满野趣。可以在墙壁上钉钉子或是安装挂钩，将铁丝篮挂上去作为壁挂装饰。

S.Ito

将盆栽挂在墙上，再搭配一副外框，就变成右侧图中的壁挂盆栽了。

S.Ito

② 独具个性的花盆凸显创意

赋予植物不输容器的存在感

在组合盆栽中，别具一格的花盆可以展现出制作者的个性。只要用法得宜，也能创造出艺术品般的组合盆栽。使用风格强烈的花盆时，须赋予植物充分的存在感。若无法在挑选、栽种植物的过程中赋予它不输容器的存在感，就会导致容器喧宾夺主。但也不能无限放大植物的比例。除比例外，其种类、外形以及布局方式，都能赋予植物充分的存在感。

同时还要思考盆栽的放置场所及背景，以体现其在整个空间中的造型美。在此过程中，享受玩转容器的乐趣吧！

雕塑般的容器
赋予植物造型感

颇具人气的繁星花搭配点睛之笔——新西兰刺槐。这种原产于新西兰的植物，枝条呈"之"字形，极具存在感。而结出果实的红莓苔子从容器口垂落而下，为盆栽造型增添了几分趣味。

栽植要点 栽种时，观察新西兰刺槐的枝条走势，使其向四周伸展开来，可发挥延展空间的作用。

【使用的植物及栽植次序】

① '猩红' 繁星花

② 红莓苔子

③ 新西兰刺槐

【容器尺寸】

高约20cm

S. Ito

N.Wakamatsu

要想自如运用大提篮
需体现存在感和轻盈感

算上提手的话，这个铁丝篮足足有50cm高。既有
花朵纹样，形状也极富个性，若在其中栽种同样显
眼的大型花，很难与优雅的提篮搭配出和谐之美。
若换成轻盈的植物，那所有的问题都会迎刃而解。
栽植要点 在提篮内侧贴上麻布，再贴上一层防草
地膜。

【使用的植物及栽植次序】
1 '银蕾丝'蕾丝花
2 '蓝星'黑种草
3 '黑樱桃'矮牵牛
4 吉莉草
5 球序裂檐花
6 '巧克力'水稻
7 紫叶半插花（假紫苏）
8 斑叶多花素馨

别具一格的古董杂货
没有花朵的点缀也能光彩夺目

带盖的马口铁邮筒，外形生动有趣。无须耀眼的鲜花，仅用藤蔓植物和红莓苔子的红色果实就能创造出一个别致的空间。

栽植要点 使植物的枝条从容器中倾泻开来。

【使用的植物及栽植次序】
① 甜舌草
② 斑叶多花素馨
③ 红莓苔子
④ 忍冬
【容器尺寸】
高40cm

N.Wakamatsu

半开半掩的提篮，飘散出春的气息

大胆采用本不适合用于组合盆栽的双开盖提篮，只打开一侧的盖子，令褶边型三色堇和月季从篮中溢出。

栽植要点 在篮子内侧铺上椰子纤维。直接将花苗连带简易花盆放入其中也可以，但植物寿命会缩短。

M.Nagai

【使用的植物及栽植次序】
① '永远的富士山'月季
② '横滨的选择'三色堇
③ 多花素馨
④ 南非万寿菊
【容器尺寸】直径32cm × 高16cm

3

素烧大花盆打造视觉亮点

植物须兼具高度和分量

极具存在感的素烧大花盆非常适合置于庭院、阳台、玄关等位置，能形成一道亮丽的风景。而且还会成为摆放场所的"门面"，值得一试。

将其用于组合盆栽时，若植物的比例不及花盆的体量，就会过度放大花盆的存在感。选用植株较高的植物，并增加植物的比例，可使组合盆栽整体平衡协调。

但要注意一点，因加土后盆栽过重，难以移动。若将其放在固定位置，仅对其中的部分植物进行更换，管理起来会轻松不少。（具体操作方法参见第120页）

N.Wakamatsu

强调色

彩叶植物

其他

有效利用强调色，赋予植物不输花盆的存在感

大量使用繁星花和百日菊等主花类植物。将色彩富有层次感的百日菊和矮牵牛作为过渡色，多个品种也能协调平衡。用观赏辣椒、鼠尾草、具有光泽的紫叶半插花收紧色调，凸显品位。

栽植要点 不同植物的根团深度不同，因此栽种株高较低的植物时应一边加土一边栽种。

【使用的植物及栽植次序】
1 繁星花 **2** 一串红（紫色）
3 '黑珍珠' 观赏辣椒
4 紫叶半插花（假紫苏）**5** 矮牵牛
6 千日红 **7** '红酸橙皇后' 百日菊
8 天竺葵
【花盆尺寸】直径40cm×高34cm

课程3
思考容器与植物的平衡

为了使容器与植物达到相得益彰的效果，
除了挑选合适的植物外，
栽培技巧也能发挥重要的作用。
下面介绍3种方法，
使组合盆栽所打造的空间更加美观。

1 纵长容器赋予植物高低落差

突出纵向线条感

使用纵长型容器时，搭配一些植株较高的植物更易实现平衡。但是，仅有高的植物会显得中间部位过于松散，因此可搭配一些低矮的植物以体现高低落差，在容器附近打造视觉亮点。
挑选茎笔直修长的植物或穗状植物，突出纵向线条，使盆栽高低落差明显、张弛有度。

S. Ito

松果菊

'猩红'
小花矮牵牛

'紫闪'观赏辣椒

←突出高度

不对称
三角形

三角形布局
用纤细的茎强调纵向线条感

以低矮的小花矮牵牛作为辅花，衬托出松果菊的高度以及茎的线条感。有意识地进行不对称的三角形布局，用彩叶的观赏辣椒收紧色调，营造空间的平衡感。

美女石竹

'蔓越莓松露'
矮牵牛

钓钟柳

用修长的植物搭配
纵长型容器

使用纵长型容器时，仅搭配较高的植物会显得比较松散。在容器边沿位置上，栽种与容器相反色调的矮牵牛和美女石竹，打造视觉亮点。

S. Ito

② 营造灵动感

灵活运用藤蔓植物和叶类植物

想要使组合盆栽生动活泼，关键要利用植物营造跃动感，不要被容器所束缚。方法如下。

① 使藤蔓植物从容器边沿垂下。

② 使轻盈柔软的植物从容器中溢出。

③ 增添各种草类等有线条感的彩叶植物。

上述 3 项是代表性的技巧。

藤蔓植物有多种用法，比如把其修长柔软的枝条缠绕在其他植物上。发挥自己的想象力，多多尝试吧！

灵活使用下垂的植物和具有线条感的叶类植物

王花是重瓣矮牵牛。线条锐利的苔草、藤蔓类的五叶地锦以及肆意伸展的'伯里姆斯通'多毛灰雀花从花盆中溢出，凸显跃动感。

④用肆意伸展的'伯里姆斯通'多毛灰雀花凸显灵动感和轻快感

①用线条纤细的苔草营造跃动感

③使斑叶五叶地锦从花盆边沿垂下，体现灵动感和立体感

②用重瓣的'白色香草'矮牵牛营造华丽感

S. Ito

天人菊

红莓苔子

姬岩垂草

花叶地锦

藤蔓状的枝条在篮中肆意伸展

以橘色天人菊为主花，适宜初夏时节栽种。向左前方肆意垂下的红莓苔子和花叶地锦、姬岩垂草的藤条，为盆栽增添了灵动感。

'紫雨'观赏辣椒

'银龙'小头蓼

'红宝石'黑心金光菊

'焰火'羽绒狼尾草

繁星花

3

延展空间

勾勒背景

一件组合盆栽作品的制作，不仅是植物和容器的搭配，还包括摆设场所的选择。换言之，只有摆设场所和组合盆栽融为一体，才能具备"装饰空间"的效果。

若将整个组合盆栽禁锢于容器之中，便无法实现对空间的主导。在营造跃动感或赋予植物高低落差等技巧的基础上更进一步，将背景也考虑进去，就可以使空间得到更深层次的拓展与延伸。选用枝姿生动有趣的植物，或根据具体情况大胆采用枯枝等，试着用这些方法将组合盆栽提升到空间艺术的层次吧！

用观赏草渲染灵动感

选用陈旧的马口铁容器制作而成的组合盆栽。以白色的繁星花衬托色调雅致的黑心金光菊，用叶形尖锐的羽绒狼尾草渲染灵动感。

↓

在盆栽中插几条枯枝作为背景 整体空间更具律动感

上图中的组合盆栽十分美观，但就空间延伸这一点来说还欠些火候。像右图那样，插入几条枯枝作为背景，可体现造型美，使空间产生动态的延伸。稍做比较，差距一目了然。

S. Ito

【图鉴】赋予组合盆栽灵动感的植物

突出线条感的彩叶植物

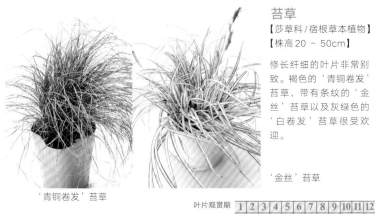

苔草
【莎草科 / 宿根草本植物】
【株高 20 ~ 50cm】

修长纤细的叶片非常别致。褐色的'青铜卷发'苔草、带有条纹的'金丝'苔草以及灰绿色的'白卷发'苔草很受欢迎。

'青铜卷发'苔草

'金丝'苔草

叶片观赏期

1	2	3	4	5	6	7	8	9	10	11	12

朱蕉
【天门冬科（龙舌兰科）/ 灌木】
【株高 30 ~ 50cm】

制作大型组合盆栽时，朱蕉是一种重要的点缀植物。叶色多样，有绿色带白边的、黄色的等。栽培环境温度需在5℃以上。

叶片观赏期

1	2	3	4	5	6	7	8	9	10	11	12

藤蔓植物

欧活血丹
【唇形科 / 藤蔓宿根草本植物】
【藤长 30 ~ 80cm】

叶形小，叶量多。叶片为鲜艳的绿色，带有白斑。4 ~ 5月期间有薰衣草色的小花盛开。生长过于繁密时应适当修剪。

叶片观赏期

1	2	3	4	5	6	7	8	9	10	11	12

千叶兰
【蓼科 / 藤蔓常绿木本植物】
【藤长 50 ~ 100cm】

叶形小，叶片圆形，叶量繁密。如铜丝一般的枝条肆意舒展。斑叶品种可为组合盆栽增添明亮感。

叶片观赏期

1	2	3	4	5	6	7	8	9	10	11	12

'白雪公主'常春藤
【五加科 / 藤蔓木本植物】
【藤长 20 ~ 100cm】

新芽会变白。与普通常春藤一样生命力旺盛。因色调明快，非常适合用于组合盆栽。

叶片观赏期

1	2	3	4	5	6	7	8	9	10	11	12

马蹄金
【旋花科 / 多年生草本植物】
【茎长 30 ~ 100cm】

叶形可爱，近乎圆形。根据品种的不同，叶色也有变化。生长过长时适当修剪，能使植株更为繁密。

叶片观赏期

1	2	3	4	5	6	7	8	9	10	11	12

斑叶薜荔
【桑科 / 常绿灌木】
【株高 5 ~ 15cm】

匍匐性植物。叶形小，叶量多。干燥季节用喷雾器喷水，叶片可保持绿色。

叶片观赏期

1	2	3	4	5	6	7	8	9	10	11	12

'花环'菱叶粉藤 /（假提，葡萄吊兰）
【葡萄科 / 藤蔓常绿木本植物】
【藤长 30 ~ 80cm】

叶形美观，藤蔓柔软舒展，形态优雅。耐寒性差，应置于室内栽培。

叶片观赏期

1	2	3	4	5	6	7	8	9	10	11	12

课程4
简单DIY
升级容器

只需稍加改造，
各种成品容器就能
瞬间化身创意满满的花盆。
只要花点心思，
身边的瓶瓶罐罐也会摇身变成漂亮的花盆。

1 马口铁容器稍加改造
组合盆栽更具立体感

在买来的马口铁容器上开个缺口。
只需要这一点小巧思，
就能更立体地栽种植物，
制作出花束般优雅的组合盆栽。
装上挂钩，便可悬挂在墙壁上。

S. Ito

【所需物品】

❶ 马口铁容器（口径20cm×高30cm）
❷ 金属丝

【所用工具】

❶ 锤子 ❷ 锥子 ❸ 剪刀（多功能）
❹ 扁嘴钳
❺ 铁丝剪

【使用的植物及栽植次序】

❶ 素馨叶白英 ❷ 齿叶假泽兰
❸ '万岁' 矮牵牛 ❹ 香叶天竺葵

【用土】

❶ 混有基肥的培养土 ❷ 盆底石

1 底部开孔

用锥子和锤子在容器底部开数个孔。

2 压平

将容器一侧轻轻压扁，以便安装提手。

3 制作提手

用锥子在压扁的一侧开2个孔。

将剪成合适长度的金属丝穿进孔中，用扁嘴钳折弯并固定。

提手完成。

4 在容器上开口

在容器正面开口。边缘较硬时用铁丝剪剪开。

用剪刀剪一个20cm左右深度的切口。

用扁嘴钳将切口位置的铁皮往外侧翻，因切口锋利，尽量将其卷曲。

完成

1 放入2～3cm深的盆底石，填入混有基肥的培养土至切口向下2cm左右。

2 将素馨叶白英根部稍稍解开，剪掉长根，去掉一半的土壤，栽种时稍稍倾斜，使其从容器切口处垂出。

3 将花苗倾斜栽种时，根部会有部分浮起，可一边填土一边栽种。

4 将齿叶假泽兰分株，将一半花苗横放栽种。

5 栽种主花矮牵牛和剩余的齿叶假泽兰。

栽种前将花苗捆在一起
栽种前，将矮牵牛和齿叶假泽兰捆在一起，栽种后更美观。

此处是关键！

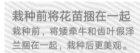

6 依次填土，栽种剩余的花苗。香叶天竺葵栽种时稍稍前倾。

7 栽好后往缝隙中填土，用一次性木筷压实土壤。

8 素馨叶白英的一根枝条朝前方垂出，将另一根卷曲，用U形针固定，体现灵动感。

完成

② 简单粉刷
番茄酱罐摇身变成可爱容器

左侧的罐中是母菊、香蜂草、甜舌草，中间的罐中是迷迭香、鼠尾草，右侧的罐中是欧薄荷、凤梨薄荷、普通百里香。

把水煮过的番茄酱罐的包装纸撕下来，然后简单粉刷一下，普通的罐子竟然变得如此可爱！比起单个罐了，将多个不同颜色的番茄酱罐并排摆放更加美观。或粉刷后待其干燥，再在边缘位置上点缀不同的颜色，这样的效果也很别致。多多动手尝试吧！

N.Wakamatsu

【所需物品】

剥去包装纸的空番茄酱罐

（直径16cm×高16cm）

【所需工具】

钉子、锤子、锥子或螺丝刀、涂料、板刷

Hip：环保型涂料公司
Colorworks 的 独 创 产 品。
共有1488种颜色。
FAROW & BALL：产自英国的高品质涂料。

【所用涂料】

制作方法

1 用钉子和锤子在罐底开数个孔，用锥子或螺丝刀将开孔扩大。

2 选择自己喜欢的颜色的涂料，用板刷涂刷罐身。涂刷得有些不均匀也能营造自然随意的氛围，故无须在意。

完成

3 红酒木箱
化身厨房里的迷你花园

12瓶装的红酒木箱既可作为工具箱使用，也能用来短期保存花苗，美观又方便。箱体上刻有印迹的可以直接作为装饰；箱体上没有印迹的，用涂料粉刷后会焕然一新。若使用清爽色的涂料，那么将其用来制作蔬菜或香草盆栽再合适不过。若箱体带盖，直接使用更显时尚。

【使用的植物及栽植次序】
❶ 小番茄　❷ 北葱　❸ 荷兰芹
❹ 意大利欧芹　❺ 野草莓
❻ 散叶莴苣　❼ 罗勒　❽ 叶用莴苣（生菜）
❾ 旱金莲　❿ 芝麻菜

【所需物品】

红酒木箱
（宽50cm×深33cm×高18cm）

【准备工具】

❶ ACumist亚光水性木器涂料
❷ 涂料容器
❸ PVC手套
❹ 板刷　最好有一大一小两种尺寸
❺ 塑料垫

❻ 电钻

制作方法

1 在箱底最少标记4个孔位，用电钻开孔。

2 用喜欢的水性涂料涂刷箱体。若想把盒盖内部涂成不一样的颜色，可在盖子边缘粘贴防护胶带。

约
1个月后

栽种后1月余，小番茄的果实变红了。此时应适当修剪过长的香草。

N.Wakamatsu

4

提手一换
美丽升级

只需拆掉马口铁制成的白色水桶型容器上原有的提手，然后用绳子或复古风格的提手替代，观感立刻焕然一新，档次也即刻提升。若用金属丝制成的链条作为提手，还能悬挂观赏。

装上金属链，可以悬挂起来。用白色矮牵牛、白色繁星花以及墨西哥甜舌草等藤蔓植物进行搭配，令人备感清凉。

案例B 搭配活泼灵动的植物恰到好处

S. Ito

案例A

提手是重点

将铁丝篮上的铁质提手刷成白色使用。因为其形状独特，因而可作为盆栽造型的重点。其中栽种的是'变色龙'小花矮牵牛、斑叶素馨叶白英、'酸橙绿'假连翘。

S. Ito

案例C

系上绳子，更显自然

粗绳子极具存在感，使颇显冷峻的马口铁容器一下子有了温度。而白色的繁星花、叶片泛着光泽的藤蔓植物——球兰，则为盆栽带来了自然感。

*S. Ito*

【准备容器】

马口铁材质的水桶型容器，刷白色涂料。

【准备提手】

① 铁丝篮等容器上的提手
② 绳子（两端用铁丝缠绕）
③ 链条（金属丝制成）

【准备工具】

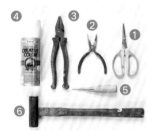

① 剪刀
② 扁嘴钳
③ 钳子
④ 喷雾式油漆（白色）
⑤ 锥子
⑥ 锤子

【A ~ C 通用的准备工作】

用扁嘴钳等工具取掉原来的提手。

A 的制作方法

1　用喷雾式油漆将铁质提手喷涂成白色。

2　根据提手的尺寸，用锥子和锤子在容器两侧各开2个孔。

3　将提手从孔中穿过，安装在容器上。

A 完成

B 的制作方法

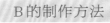

1　在容器两侧各开1个孔，将链条开口的一端穿进孔中。

2　用钳子或扁嘴钳等将链条的开口闭合。

完成 B

C 的制作方法

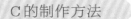

1　在容器的两侧各开2个孔。

2　事先在绳子的两端缠上铁丝，将铁丝从孔中穿出，固定在容器上。

完成 C

在绳子上悬挂一些小贝壳作为装饰也很好看。

用铁丝将沉木固定在铁丝篮的侧面。

在墙壁上打钉，将铁丝篮底部挂在钉子上。

S. Ito

开动脑筋
打造创意容器

只要花点心思，
再平凡的容器、再常见的材料，
也能化身独具匠心的花盆。
让我们发挥想象力和创造力，
动手打造别具一格的花盆吧！

将沉木固定在铁丝篮上

这件自创的容器将沉木安装在铁丝篮上，
充满了野趣。内侧铺上水苔，栽种紫金牛
和粗齿绣球等，表现出山林风情。浇水时
如左上方照片中一样放平（参照第33页）。

S. Ito

用金属丝制成的
小笼子

将粗铁丝折弯，做成小笼子，再铺上
一层水苔。栽种中型蝴蝶兰和垂吊下
来的眼树莲。看到这组盆栽，不禁令
人联想到那悠然自在的南国风光。

第3章

延长花期的技巧

用心栽培的组合盆栽，
眨眼间就过了时节，甚是可惜。
掌握延长花期的诀窍，
延续美的享受吧！

N.Wakamatsu

选用花期较长的主花

用花期较长的植物作为主花，是延长组合盆栽观赏期的好办法。其中，三色堇和矮牵牛的花期长达半年，且花色丰富、花形多样，是制作组合盆栽的不二之选。

通过搭配不同的植物，或选用不同的容器，可以获得或华丽、或雅致的组合盆栽。在这里，我们以几组盆栽为例，介绍三色堇和矮牵牛的各种使用技巧。

1 熟练使用三色堇与角堇
<10月~次年5月>

11月是花苗最繁盛的时期

三色堇每年都有新品种。花朵较大的称为三色堇，较小的称为角堇，近年来还出现了中型品种。此外还有边缘呈波浪形的、重瓣的品种。

10月中旬，花店开始出售三色堇，但种类较少，花柄也较短。11月出售的花苗最多。人气高的早早就会售罄，因此建议大家趁早购买中意的品种。

枯萎的残花要勤加修剪

要想延长花期，必须勤加修剪枯萎的残花，并及时追肥。从栽种后1个月左右即可开始追肥。另外，步入春季后植株生长茂盛，容易潮热。下部的叶片变黄是潮热的表现，需注意通风。

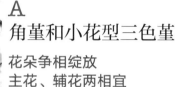

A
角堇和小花型三色堇

花朵争相绽放
主花、辅花两相宜

小花型的品种花姿可爱，盛开时争奇斗艳，热闹极了。和其他植物很好搭配，是组合盆栽中不可或缺的角色。

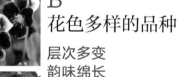

B
花色多样的品种

层次多变
韵味绵长

即使是同一个品种，每一株的色彩也有微妙的差异，有的花朵会随着时间而变色。细微的层次变化为组合盆栽增添了别样风采。

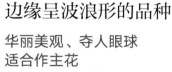

C
边缘呈波浪形的品种

华丽美观、夺人眼球
适合作主花

有边缘呈大波浪形的、小波浪形的等。盛开后花瓣也不会蜷曲，单花花期较长也是其优点所在。

S. Ito

【使用的植物及栽植次序】
1 '黑珍珠'角堇
2 红脉酸模
3 宿根常春藤叶堇菜
4 '甜蜜蔓'菱叶粉藤
【花环尺寸】
直径40cm

用深紫色角堇
制作有野趣的别致花环

主花是接近黑色的深紫色角堇。辅花中加入小花型的宿
根常春藤叶堇菜，娇俏可爱，充满野趣。再点缀叶片上
遍布红色脉络的红脉酸模，利用'甜蜜蔓'菱叶粉藤凸
显灵动感。

栽植要点 在花环的四周缠上榕树的气根，更显自然。

101

搭配叶类植物
观赏期可达半年之久

选用柔和色调的植物打造的小型组合盆栽。黄色系的叶类植物搭配角堇黄色的花芯，再用白妙菊突出重点。带有提手的铁丝篮可以平置，也可以悬挂观赏。
栽植要点 铺上防草地膜，在土壤表面覆盖山苔。

N.Wakamatsu

【使用的植物及栽植次序】
① '天蓝色万岁' 角堇
② '伯里姆斯通' 多毛灰雀花
③ 白妙菊 ④ '白雪公主' 常春藤
【容器尺寸】直径20cm

N.Wakamatsu

颇具存在感的羽衣甘蓝
衬托三色堇

皱边 '薇薇安的紧身衣' 羽衣甘蓝是组合盆栽中值得一试的植物。搭配紫色系的小花型三色堇，恰到好处。而斑叶类植物则为盆栽增添了明快感。
栽植要点 在搪瓷脸盆底部开孔使用。

【使用的植物及栽植次序】
① '薇薇安的紧身衣' 羽衣甘蓝
② '和乐' 小花三色堇 ③ 角堇
④ 白妙菊 ⑤ 蓝花福禄考
【容器尺寸】直径32cm

素净雅致的色调
与马口铁容器相映生辉

'咖啡奶油'金盏花与角堇等植物的花期几乎相同，可长期观赏也是一大特点。以奶油黄、橘色、砖红色花为基调，搭配各类彩叶植物，彰显华丽感。

栽植要点 先栽种中间的欧石楠、金盏花、金鱼草等植株较高的植物，后续操作会简单一些。

管理要点 因植物种类较多，浇水时要浇透以防烂根。待土壤干燥后再次浇灌。

【使用的植物及栽植次序】
① '咖啡奶油'金盏花
② 无柄欧石楠
③ '凯瑟琳'红钱木 ④ 金鱼草
⑤ '赤陶土'角堇 ⑥ 角堇
⑦ '波斯巧克力'珍珠菜
⑧ '小香蕉'龙面花
⑨ '金色斑马'矾根
⑩ '金色彩虹'大戟
⑪ '黄金'岩蔷薇 ⑫ 香雪球
【马口铁容器尺寸】
宽40cm × 深20cm × 高20cm

N.Wakamatsu

熟练使用矮牵牛与小花矮牵牛
<4 ~ 11月>

年年都有新花色的品种

春季即可在花店看到矮牵牛和小花矮牵牛的身影了。二者均为茄科植物，花形相似，分属矮牵牛属和小花矮牵牛属。虽不同属却颇为相近，特征也十分相似。近来还出现了'超级苏蓓卡'等矮牵牛与小花矮牵牛的杂交品种。

矮牵牛存在感较强，花型较大的直径超过8cm。但近年来花朵直径在3 ~ 4cm的小花品种以及色彩跨度较大的品种也颇受喜爱。小花矮牵牛的花朵直径在2 ~ 3cm，较矮牵牛更抗涝，还有橘色等鲜艳品种，这是矮牵牛所没有的花色。各育苗公司都在争先恐后地培育新品种，后续会有怎样的品种问世，让我们拭目以待吧！

梅雨季前修剪以调整株姿
预防潮热

如果不及时修剪开败的残花，会导致病害。无论是小花矮牵牛还是矮牵牛，都要在梅雨季来临之前修剪至10cm左右，既能调整株姿，又能防止潮热。要使花朵竞相开放，追肥也很重要。

A 小花矮牵牛和超小型矮牵牛

花朵竞相绽放，主花、辅花两相宜

花型较小、花姿优美的矮牵牛，近来出现了稀有花色的品种。小花矮牵牛也增添了许多变种，例如重瓣和带条纹的品种。

B 中~大花型的单瓣矮牵牛

花瓣宽大、花姿华丽，适合作为主花

中~大花型的单瓣矮牵牛花瓣宽大，绚丽夺目。搭配小花或叶类植物，更加秀丽动人。

C 色彩跨度大的品种

层次多变，韵味绵长

有些品种的花色会随温度而发生微妙的变化，盛开后色调仍会改变。近年来，色彩淡雅的品种以及具有和风色调的品种也颇受喜爱。

D 重瓣品种

花姿华丽、极具存在感，适合作主花

重瓣品种盛开时层层叠叠，异常出众。在华丽大方且品位不俗的组合盆栽中作为主花使用，恰到好处。

M.Nagai

紫色的重瓣矮牵牛
超凡脱俗，雅致华丽

用矮牵牛及同色系的细长马鞭草确定整体轮廓，通过'博若莱'紫花珍珠菜的纵向线条提升协调感。而白色的'苏非尼亚'矮牵牛以及花穗娇俏可爱的石苜蓿则为盆栽带来了轻柔感。

栽植要点 花篮中铺上一层麻布，撒满椰子纤维，自然雅致。

【使用的植物及栽植次序】
1 '博若莱'紫花珍珠菜
2 石苜蓿（赤熊萩）
3 大星芹
4 '苏非尼亚'矮牵牛（白色重瓣）
5 细长马鞭草
6 '夏日紫'矮牵牛
7 '焦糖布丁'福禄考
8 醉鱼草
【花篮尺寸】宽40cm×深20cm×高15cm
（不含提手）

白色基调带来阵阵清凉

以白色的重瓣小花矮牵牛为主花，搭配叶色、叶形颇为美观的斑叶五叶地锦。而同色系的乳白色植物令组合盆栽造型显得文雅清秀。

栽植要点 为体现组合盆栽的灵动感，栽种五叶地锦时要使其从花盆中倾泻而出。

【使用的植物及栽植次序】
① 五叶地锦 ② 松虫草
③ '黑莓'长阶花
④ 石茸蓿
⑤ '白天鹅'山羊豆叶苦马豆
⑥ '肯特美人'牛至
⑦ '美丽重瓣白'小花矮牵牛
【容器尺寸】直径45cm×高25cm

增添紫叶植物，红色花朵更显雅致

紫叶植物搭配鲜红色的小花矮牵牛，尽显优雅别致。以叶色鲜亮的'伯里姆斯通'多毛灰雀花作为点缀。

栽植步骤 完成后将铁线莲枝条缠绕在上面。

【使用的植物及栽植次序】
① '咖喱红'小花矮牵牛
② '流苏巧克力'矾根
③ '哥谭'矾根
④ '波斯巧克力'珍珠菜
⑤ 中国大叶地锦
⑥ '伯里姆斯通'多毛灰雀花
⑦ 铁线莲枝条
【容器尺寸】宽35cm×深25cm×高25cm

M.Nagai

N.Wakamatsu

用小花型矮牵牛营造繁茂感

色调雅致的小花型矮牵牛与花形相似的白色赛亚麻搭配得相得益彰，用与矮牵牛同色系的紫叶矾根作为点缀。
栽植要点 栽种牛至时，使其从花盆中倾泻开来，凸显灵动感。

【使用的植物及栽植次序】
① 兔尾草
② '巧克力布朗尼'矮牵牛
③ 赛亚麻
④ '苏克雷的雪'矾根
⑤ '肯特美人'牛至
⑥ 薜荔
【容器尺寸】
宽40cm × 深21cm × 高11cm

空罐栽种小型矮牵牛，烘托出怀旧复古风

选用底色为白色、上覆暗红色的超小型矮牵牛。番茄酱罐外侧刷一层枣红色油漆，烘托出一种怀旧复古的氛围。
栽植要点 选用株形稍显杂乱的'伯里姆斯通'多毛灰雀花苗，为组合盆栽增添丝丝灵动感。

N.Wakamatsu

【使用的植物及栽植次序】
① '摩珂'矮牵牛
② '伯里姆斯通'多毛灰雀花
③ 紫叶水稻
【容器尺寸】
直径15cm × 高15cm

以叶为主
长期观赏

选用观叶植物、多肉植物等叶类植物，制作一盆赏叶组合盆栽，既能长期观赏，也更适宜开花种类较少的盛夏时节。叶色、叶形各异的叶类植物搭配在一起，即使没有花朵的点缀，也极富存在感，且色彩多样。此类组合盆栽还有一个特点，那就是管理上不用太费工夫。让我们多花一些心思挑选花盆和摆放位置，尝试制作更多的叶类组合盆栽吧！

1 观叶植物与叶类植物的组合盆栽

便于打理，无须费心

以观叶植物或彩叶植物制作而成的赏叶组合盆栽，无须修剪枯花等作业，非常适合繁忙人士。不用花心思，还可长期观赏。

制作此类组合盆栽，关键在于组合搭配叶色、叶形各不相同的叶类植物。植物之间应相互衬托，体现多样韵味。

注意湿度，保持良好排水

栽种观叶植物时，需使用排水性良好的土壤，例如混有赤玉土的营养土、专用土等。夏季可置于室外的半日阴环境中，冬季需置于室内。各种植物的耐寒性不同，应尽量避免霜害。

选用叶色、叶形各异的植物彰显存在感

青紫葛叶面秀丽美观，搭配与之叶背同色系的深紫色番薯，十分醒目。将其置于阳台一角，休闲气息扑面而来。

【使用的植物及栽植次序】
❶ 苔草
❷ 番薯
❸ 青紫葛
【容器尺寸】
直径约30cm

S. Ito

N.Wakamatsu

微型观叶植物种于画框型容器之中
犹如一幅精美的画作

画框其中一侧呈罩皿状的木制花盆。叶色从酸橙绿色到紫色应有尽有，质感、形状各异的叶片为观者展示了一个绿意盎然的世界。

【使用的植物及栽植次序】
1 绿萝 2 凤尾蕨
3 袖珍椰子 4 白鹤芋
5 五彩芋 6 冷水花
7 千叶兰 8 假连翘
9 蟆叶秋海棠 10 假泽兰
11 楔叶铁线蕨
【容器尺寸】
宽60cm × 深12cm × 高10cm

栽植步骤参见第110页

【使用的植物】
1 凤尾蕨
2 变叶木
3 '巧克力'合果芋

N.Wakamatsu

叶形、叶色、质感各不相同
只需三种植物也能错落有致

叶形复杂、叶色清爽的凤尾蕨，搭配紫叶的合果芋以及叶片厚实纤长的变叶木。三者风格迥异，搭配起来富含韵味。

制作观叶植物的组合盆栽

用观叶植物制作组合盆栽，
关键在于叶色和叶形的搭配。
栽种时要使用排水性良好的观叶植物专用土。

完成

→P109

【使用的植物及栽植次序】

1 凤尾蕨
2 变叶木
3 '巧克力'合果芋

【使用的容器】

表面具有特殊凹凸花纹的
陶土盆

【所需物品】

1 观叶植物营养土
2 圆筒铲土杯
3 树皮碎片
4 盆底石
5 基肥
6 营养液
7 PVC手套
8 剪刀 9 一次性木筷
10 盆底网

【栽植步骤】

1 容器底部铺上盆底网，放入适量盆底石，填入混有基肥的观叶植物专用土。

2 从主植凤尾蕨开始栽种。从简易花盆中取出苗，拂去上方的土壤和表面的苔藓，并使根部稍稍松散。

3 将苗贴着容器内壁，留出2cm左右的容水空间，确定加土量。

4 接着栽种后面的变叶木。栽种时适当添土以防苗下沉。

5 栽种合果芋时，稍向前倾，凸显叶面的质感。

6 留出容水空间，填土。苗与苗之间也要填土。

7 将一次性木筷贴着容器边沿插入土中，压实土壤。

8 观察盆栽整体的平衡度，若叶量过多，可适当修剪以作调整。

9 在土壤表面撒上适量树皮碎片，既可防止泥土飞溅，又能保持土壤湿润。

② 多肉植物的组合盆栽

形状和质感迥然不同
妙趣横生

多肉植物是指根、茎、叶肥厚多汁，可储藏大量水分的植物。大多数品种在冬季也不会枯萎，因此可常年观赏。此外，某些品种的叶片会随着气温下降而变红，秋季~冬季的叶片娇艳美丽。

制作组合盆栽时，将形状、色彩、质感各异的多肉植物搭配在一起更显层次感，造型也更为丰富。日常管理应注意浇水次数和浇水量，勿频繁、过量浇水，应待土壤干燥后进行。

用沉木打造绝美景致

主植是浅灰绿色的叶片基部呈玫瑰色、如花朵般美丽的长生草。新株长出后会不断增多。中间栽种叶片纤细的景天，形成鲜明的对比。

S. Ito

锈迹斑斑的容器与多肉植物相映成趣

复古怀旧的金属小提篮与多肉植物是绝配。'伯轮特安德森'景天略微泛紫的叶片与红色的花朵颇为出众。如果徒长了，可修剪后重新栽培。

N.Wakamatsu

【使用的植物及栽植次序】
① '伯轮特安德森'景天
② 月兔耳/褐斑伽蓝（伽蓝菜属）
③ 秋丽
　（风车草属与景天属的属间杂交种）
④ 爱染锦（莲花掌属）
⑤ 新玉缀（景天属）
【容器尺寸】
直径20cm×高15cm

【使用的植物及栽植次序】
① '午夜玫瑰'长生草
② '巧克力球'景天
【容器尺寸】直径约40cm

111

立起来也能赏玩的多肉球花

将多肉植物的插枝插在球形花泥上。可平置观赏，斜立也颇为有趣。可作为空间装饰。

【使用的植物】
① 新月翡翠珠
② 乙女心（景天属）
③ 钱串景天（数珠星）
④ 莲花掌
⑤ 反曲景天
⑥ 秋丽
⑦ 初恋（拟石莲属）

S. Ito

栽植步骤参见第114页

栽植步骤参见第113页

【使用的植物】
① 圆叶景天 ② 杜里万莲（拟石莲花属）③ 熊童子（银波锦属）
④ 长生草 ⑤ 千代田之松（厚叶草属）⑥ 立田锦（拟石莲花属）
【木箱尺寸】宽32cm×深11cm×高8cm

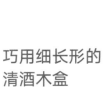

巧用细长形的清酒木盒

将清酒木盒粉刷后作为花盆使用。选用小叶品种的圆叶景天来衬托外形如花一般显眼的杜里万莲。

N.Wakamatsu

制作多肉植物的组合盆栽

春季~秋季是适合制作组合盆栽的时节。
栽种时使用排水性能良好的土壤，
如混有赤玉土的营养土或专用土。

【使用的植物
及栽植次序】

→P112

完成

❶ 长生草
❷ 杜里万莲（拟石莲花属）
❸ 熊童子（银波锦属）
❹ 立田锦（拟石莲花属）
❺ 千代田之松（厚叶草属）
❻ 圆叶景天

【使用的容器】

用水性涂料粉刷清酒木盒，作为花盆使用

【所需物品】

❶ 多肉植物专用土
❷ 盆底石
❸ 圆筒铲土杯
❹ PVC手套
❺ 一次性木筷
❻ 盆底网
❼ 剪刀

【栽植步骤】

1 在木箱箱底开3个孔，开孔处铺上盆底网。

2 因箱体较浅，铺上1.5cm左右厚度的盆底石即可，然后填入适量的营养土。

3 首先在木箱中部栽种长生草。从简易花盆中取出花苗，稍稍抖落根部的土壤，轻轻松动根部。

4 将花苗栽在中间，土量不足时适当添加。

5 栽种时将正前方的花苗稍稍前倾。因后续加土较为困难，故应一边填土一边栽种其他植物。

6 因圆叶景天植株较大，故分株栽种。

7 将分株后的圆叶景天栽种在对角线位置上，盆栽整体更显平衡。

8 用手触碰多肉植物的叶片，易导致叶片掉落。故加土时应用筷子轻轻拨开。

9 将一次性木筷贴着木箱边缘插入土中，压实土壤。2周后再浇水。

制作多肉球花

将插花所用的花泥切割成球形。
多肉植物的枝扦插后后很容易长出新根，
故可用花泥插枝，制作一件立体艺术品。
完成后1个月内避免日光直射，置于半日阴环境中。

完成

→P112

【所需物品】

大灰藓

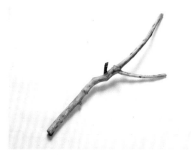

形状适宜的沉木

① 镊子
② 小刀
③ 花泥（已充分吸水）
④ 铁丝网
⑤ 剪刀
⑥ 扁嘴钳
⑦ 铁丝（22号、24号）

【使用的植物】

主要植物
初恋（拟石莲属）

覆盖在表面的植物：分成小植株，用U形
针将根部固定。

乙女心（景天属）

莲花掌

秋丽

体现灵动感的植物：将枝条修剪至适宜的长度，用铁丝绑起来使用。

反曲景天　　　　　　钱串景天（数珠星）　　　　　新月翡翠珠

【栽植步骤】

1 制作花泥球

将花泥切割成边长约15cm的立方体,用小刀削平尖角。待形状基本固定后用手搓成球形。

2 修剪铁丝网

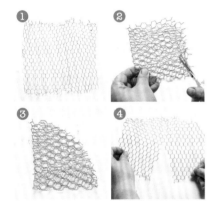

将铁丝网剪成边长30cm的正方形,对折2次,沿着曲线修剪成圆形。打开后剪出一个缺口,深度至中心点。

3 将铁丝网覆盖在花泥球上

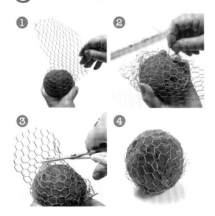

用铁丝网包住花泥球,再用24号铁丝固定。整个花泥球被包满后剪掉多余的铁丝网。

4 将花泥球固定在沉木上

用24号铁丝穿透花泥,再用扁嘴钳拧紧铁丝,将花泥牢牢地绑在沉木上。

5 在底部贴附大灰藓

用剪刀剪下10cm左右的22号铁丝,弯成U形针状。在接近沉木的部分贴附大灰藓,用U形针固定。

6 扦插多肉植物

从株形最大的初恋开始扦插。修剪枝条至适宜长度。因其较重,插好后用U形针牢牢固定。

7 分株,以U形针固定

将乙女心、莲花掌、秋丽分株,根部套上U形针,将枝条与U形针插在花泥上。

8 将数枝反曲景天绑在一起

剪下多条反曲景天,每几条用铁丝绑在一起,分别插到花泥上。

9 较精细的步骤用镊子完成

如果很难用手操作,可改用镊子。将植株较大的植物以及具有跃动感的植物混栽,盆栽整体更显平衡。

局部改造
延长花期

不必重新栽种组合盆栽中的所有植物，只需替换其中一部分，即可长期赏玩。特别是在花盆较大、难以整体替换的情况下，或是组合盆栽中使用灌木的情况下，通过局部改造，可以避免辅花浪费。大盆组合盆栽是庭院的焦点，可就地改造。栽种新植物时应尽量去掉原来的土壤，改用混有基肥的新鲜土壤。

使用长方形的马口铁花盆

N.Wakamatsu

以改造为前提，栽种球根植物

郁金香和风信子这类球根植物虽然娇艳，花期却不长久，实属遗憾。因此，可将球根植物作为季节的使者，待花期结束后以其他植物代替，便可长期观赏。

制定全年计划

上方图中的组合盆栽中的郁金香和花毛茛是球根植物。花期较长的角堇、常春藤、灌木尤加利、羽叶波罗尼亚花，可在郁金香和花毛茛开败后继续观赏。
用哪种植物来代替球根植物？在角堇等的花期结束后，应改种哪些植物？最好事先制定全年计划，以便确定替代的植物。

3月
上旬

管理要点

对花毛茛的枯花勤加修剪，可促进新花芽的萌发。修剪时可留下部分枝条，以进行光合作用。

【使用的植物及栽植次序】
1 郁金香
2 '白色爱恋' 羽叶波罗尼亚花（斑叶）
3 花毛茛　4 '银水滴' 尤加利
5 角堇　6 '白色奇迹' 常春藤

以郁金香为主花
提前带来春的气息

3 ～ 4月，粉色的郁金香是主角。白色花毛茛和小花的羽叶波罗尼亚花为盆栽增添了华丽感，散发着春日气息。再点缀银叶的'银水滴'尤加利。此外，考虑到后续的替代植物，特地选用了紫色系的角堇。

月
下旬

拔掉郁金香，
改种法国薰衣草。
花毛莨、羽叶波罗尼亚花、
角堇依然绽放。
盆栽整体呈现淡紫色，
精妙和谐。

局部改造的方法

4月上旬时的
外观

郁金香已经开败，
花毛莨的花期也即将过去。
其余的植物依然非常茁壮。

【所需物品】

将水苔浸入水中

营养土中混入基肥

【改种的花苗】

3株法国薰衣草

② 握住郁金香的植株底部，轻轻拔出球根。

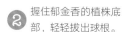

① 去掉土壤表面的水苔，舍弃不用。

④ 轻轻抖落法国薰衣草的土壤，使根部松散。若根部缠绕过度，可用剪刀尖将其解开。

③ 拔出球根后，将周围的土清理掉。

⑤ 将法国薰衣草花苗栽种在空位上。

⑥ 用混有基肥的新营养土填满四周。

⑦ 将吸足水分的水苔铺在土壤表面。因土壤较少，故铺上水苔以保持土壤湿润。

改种结束

118

'魅力鲑鱼粉'矮牵牛

矢车菊

5月
下旬

拔掉角堇和花毛茛，改种矮牵牛和矢车菊。

法国薰衣草的花期还能持续一段时间。

尤加利和常春藤过长时可适当修剪。

10月
下旬

矮牵牛开败之后，土壤也不再肥沃。

因此整体改种盆栽，栽种角堇、紫罗兰、野芝麻、多花素馨、墨西哥鼠尾草、羽衣甘
蓝，可观赏至来年春天。

全部重栽

将拔下的花苗进行假植，
以便用于其他组合盆栽中

'银水滴'尤加利
'白色奇迹'常春藤

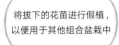

②

N.Wakamatsu

大花盆改造

较重的花盆里局部替换

素烧大花盆非常适合放在花园或玄关前。因整体较重，难以移动，整体改种费时费力，
因此推荐大家采用局部替换的方法。省时省力，还能全年观赏。

选择存在感强的主植

进行局部替换时，适合选择存在感较强的主植。在上方的盆栽中，以深粉色、暗红色、绿色
的花毛茛作为主花。花期过后替换成微型月季。
辅花枯萎后，适当修剪，同主植一起替换。叶类植物过长时适当修剪，保持良好通风。

【使用的植物及栽植次序】
① 花毛茛
② '阿拉克涅' 花毛茛
③ 法国薰衣草
④ '青铜龙' 金鱼草
⑤ 大戟
⑥ 陕西羽叶报春
⑦ '牛血' 甜菜
⑧ '肯特美人' 牛至

*4*月末局部替换

花毛茛和陕西羽叶报春已经开败，可将其拔出。新主植选用华丽的微型月季。
其余植物尽数拔出，调整位置，重新栽种。

【新栽种的植物】

红叶槿

蓝目菊

'戏法科德娜'微型月季

4月末时的状态

常春藤

'彼得杏'福禄考

倒挂金钟

羽叶薰衣草

① 将植物拔出。留下'肯特美人'牛至和'牛血'甜菜。大戟需改变栽种位置，因此拔出时需注意不要弄散根团。

② 挖出部分土壤，挑出根屑，填入混有基肥的新土。

③ 将新植物分别贴着花盆边放入，确定大体位置，然后开始栽种。

此处是关键！

对于开花期的微型月季或大戟等难以成活的植物，栽种前撒上硅酸盐白土粉末（Hi-Fresh），可提高成活率。

替换完毕

激发组合盆栽制作灵感的**店铺**

通过搭配和手工
展示植物的美
Flower shop 宿木

这是本书的主编——伊藤沙奈女士（昵称"老大"）在医院内开的花店。在这个小家一般的花店中，陈设着各式各样雅致的切花、干花花环以及花艺作品，恍如世外桃源。置身于这个美不胜收的空间里，似乎会令人忘记时间的流逝。除了切花以外，店里还出售当季的花苗。店内一角还开设了花艺手工课堂，以自然素材为原材料，制作组合盆栽、插花作品等。

店主的品位非同一般
小镇上的迷你花店
tsumugi.

这是为本书提供了大量素材的永井真纪子女士在2015年所开的店铺。店前摆放着组合盆栽中很常见的各式花苗，以及永井女士亲手打造的漂亮的组合盆栽。在这个散发着自然气息的店铺中，除了切花以外，还摆满了各式各样的花盆、杂货、花篮等。优雅柔和的插花作品和组合盆栽颇受喜爱，越来越多的顾客成为花店的粉丝。店内还不定期开设组合盆栽、花环、应季装饰等课程。

很多人远道而来，只为观赏店内随季节变化的陈设。伊藤女士的插花作品也在日本国内拥有众多粉丝。

【地址】神奈川县相模原市南区樱台18-1
（独立行政法人）国立医院机构相模原医院内

各个角落都透露着永井女士的小心思。此外，店里还出售用于制作组合盆栽的花盆以及庭院装饰用的杂货。

【地址】神奈川县高座郡寒川町宫山123-2

Four seasons Natural field

制作手工家具的工作室兼咖啡馆。咖啡馆每年营业90天左右。除了咖啡馆的室内装饰之外，连院内的拱门以及整个庭院都是店主亲手制作的。还可自由订制院内的家具。

【地址】埼玉县朝霞市滕折町 1-15-6

优质花苗 物美价廉
园艺家常光顾的园艺店

昭岛综合园艺中心

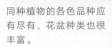

同种植物的各色品种应有尽有，花盆种类也很丰富。

因品种丰富、物美价廉，吸引了不少远道而来的客人。日常修剪及时到位，可时常购买到状态绝佳的花苗。店内还出售彩叶植物和一些另类的植物，广受园艺家的认可。另外，花盆之类的园艺用品，种类也很齐全。

【地址】东京都昭岛市福岛町 2-25-23

用古董和干花花篮
打造品位生活

garland

经营古董和杂货的自家小店，同时还是一家咖啡馆。DIY 的前院里，蔷薇吸引着来往的顾客，四季应时的花朵迎接着大家。店内也开设制作干花花篮的课程。

【地址】埼玉县新座市野火止 6-3-8

别墅型咖啡店中的组合盆栽课程人气爆棚

Garden & Crafts

这是本书主编若松则子女士开设组合盆栽课程的咖啡店。在这里可以品尝到以意式餐食为主的各色料理，店内的特色甜点也很受欢迎。停车场周围有绿意盎然的庭院，栽种着当季的花朵，摆放着若松女士的组合盆栽作品，还悬挂着各种装饰品。

咖啡馆入口处的柜子里摆放着特色甜点，二楼是教授组合盆栽制作方法的地方。

【地址】东京都立川市锦町 6-23-18